转子-橡胶轴承系统非线性动力学特性研究

花纯利　饶柱石　著

科学出版社

北　京

内 容 简 介

目前，转子–橡胶轴承系统在运转过程中常常会发生异常振动噪声，这不仅会影响系统运转的稳定性，而且振动噪声还可能通过基座传递给船体并向外发声，严重影响水下航行器的安全性、隐蔽性及生存能力。因此，本书深入地研究转子与橡胶轴承之间碰摩引起的复杂非线性动力学行为，研究摩擦系数、阻尼比、非线性刚度系数、刚度系数和偏心率等系统参数对转子–橡胶轴承系统动态响应特性的影响，确定系统中各种响应特性与系统参数之间的关系，发现在低速条件下系统会出现异常振动现象，给出衰减系数、扭转阻尼比以及偏心率等系统参数对系统自激振动等动力学行为的影响，并通过试验验证了理论分析结果和规律。本书对提高转子–橡胶轴承系统的工作效率、稳定性和可靠性具有重要的学术和应用价值。

本书可供旋转机械、转子动力学、故障诊断等专业的研究生阅读参考，也可供相关专业的科技人员参考。

图书在版编目（CIP）数据

转子–橡胶轴承系统非线性动力学特性研究/花纯利，饶柱石著. —北京：科学出版社，2017

　ISBN 978–7–03–054892–4

　Ⅰ. ①转⋯　Ⅱ. ①花⋯ ②饶⋯　Ⅲ. ①转子–轴承系统–非线性振动–动力学–研究　Ⅳ. ①TH13

中国版本图书馆 CIP 数据核字 (2017) 第 255975 号

责任编辑：惠　雪　曾佳佳 / 责任校对：张凤琴
责任印制：张　伟 / 封面设计：许　瑞

科 学 出 版 社 出版
北京东黄城根北街 16 号
邮政编码：100717
http://www.sciencep.com

北京科印技术咨询服务公司 印刷
科学出版社发行　各地新华书店经销
*

2017 年 11 月第 一 版　开本：720 × 1000　B5
2019 年 1 月第二次印刷　印张：10
字数：200 000

定价：89.00 元
（如有印装质量问题，我社负责调换）

前　　言

　　船舶轴系、深井泵轴系、航空发动机及各种电动机等旋转机械被广泛地用于诸多工业生产部门中，旋转机械的异常振动严重威胁着机械系统的稳定运转，甚至可能引起重大灾难性事故。随着科学技术的不断发展和进步，对机械系统的性能要求越来越高，一些机械设备由非线性特性和摩擦力等因素引起的故障逐渐引起人们的关注。

　　当前，旋转机械系统在运转过程中常常会发生异常振动噪声，严重影响水下航行器的安全性、隐蔽性及生存能力。因此，本书研究了旋转轴系与橡胶轴承之间碰摩引起的复杂非线性动力学行为，确定系统中各种响应特性与系统参数之间的关系，并探求系统产生丰富响应的原因，对提高转子-橡胶轴承系统的工作效率、稳定性和可靠性具有重要的学术和应用价值。

　　全书共 7 章。绪论从理论分析与工程应用的角度出发，阐述了本书研究的背景和意义，分析了橡胶轴承研究、转子系统动力学研究和转子系统弯扭耦合振动特性研究方面的国内外发展现状和发展趋势，总结了目前研究中有待解决的问题，并确立了本书的研究内容。第 1 章以经典的 Jeffcott 转子系统为研究对象，分析了系统参数阻尼比和偏心率对转子系统振动响应特性随旋转速度演化规律的影响，得到了不同振动响应演化方式在阻尼比和偏心率参数平面上的分布，并给出了各转子系统响应特性随旋转速度的演化规律。第 2、3 章以橡胶轴承支承的转子系统为研究对象，将橡胶轴承简化为非线性弹性支承，基于现代非线性动力学和分岔理论进行分析和研究，并确定周期无碰摩响应、同频全周碰摩响应及其稳定边界，发现了系统具有丰富的动力学现象，如周期运动、倍周期运动、准周期运动、分岔以及跳跃等现象，分析了摩擦系数、阻尼比、非线性刚度系数、刚度系数和偏心率等系统参数对转子系统动态响应的影响，得出在各系统参数空间上不同响应区域的范围，指出在一些参数范围内系统会发生跳跃现象。第 4 章应用 Lagrange 方程建立了转子系统弯扭耦合非线性动力学方程，且考虑了系统的不平衡、摩擦力的速度依赖性以及橡胶轴承支承非线性等因素，应用数值分析方法求解出系统的数值解，并分析转子系统参数对系统动态响应特性的影响规律。第 5 章根据转子-橡胶轴承系统的物理模型，采用 Lagrange 方程推导出不平衡力激励下转子-橡胶轴承系统弯扭耦合动力学微分方程组，应用数值方法分析了在摩擦力作用下转子-橡胶轴承系统的弯扭耦合非线性动力学特性。最终通过对三维谱图、时域曲线图、幅频图、轴心轨迹和相图的分析，得到了摩擦力作用下转子-橡胶轴承系统中蕴含的各种复杂非线性动力学行为，并分析转子–橡胶轴承系统参数对系统动态响应特性的影响规律。第 6 章对转子–橡胶轴承系统弯扭耦合非线性振动进行试验研究，揭示了低转速下系统异常自激振动现象以及径向外载荷对系统形成自激振动的影响，验证理论分析结果。

　　本书主要内容是花纯利博士在上海交通大学做科研期间完成，与他的博士导师饶柱石教授合作撰写的，部分研究工作得到了上海交通大学机械系统与振动国家重点实验室华宏星教授、张志谊研究员、塔娜高级工程师和静波高级工程师等同行专家的大力帮助。作者的一些同事和朋友也先后给予作者许多建议和支持，包括中国矿业大学科学技术研究院院长朱真才教授、机电工程学院曹国华教授、刘后广副教授和卢昊讲师等。此外，本书得到国家自然科学基金青年科学基金项目(51505476)、中国矿业大学学科前沿科学研究专项面上项目 (2015XKMS021) 和江苏高校优势学科建设工程资助项目等的大力支持和资助。

　　受作者水平和经验所限，书中难免有不足之处，欢迎读者批评指教。

作　者

2017 年 7 月

目　　录

符 号 表

F_n	接触法向力
k_r	转子和轴承接触刚度系数
r_u	轴承径向变形量
r	转子半径
E_1	转子材料的弹性模量
E_2	轴承材料的弹性模量
ν_1	转子材料的泊松比
ν_2	轴承材料的泊松比
δ	转子和轴承之间的间隙量
α	转子和轴承接触非线性刚度系数
F_τ	摩擦力
μ	摩擦系数
v_{rel}	相对滑动速度
ρ	(1) 密度
	(2) 转子的偏心率, 且 $\rho = e/\delta$
e	偏心距
μ_0	静摩擦系数
μ_1	库仑摩擦系数
λ	衰减系数
u	转子的形心位移
k	转子的刚度系数
c	转子的阻尼系数
m	转子的质量

φ	转子和轴承的接触角度
Θ	Heaviside 函数
x、y	分别为转子轴心 X、Y 方向的位移
$\dot{X}$、$\dot{Y}$	分别为转子轴心 $\dot{X}$、$\dot{Y}$ 方向的速度
X、Y	无量纲位移，且 $X = \dfrac{x}{\delta}$，$Y = \dfrac{y}{\delta}$
$\dot{X}$、$\dot{Y}$	无量纲速度，且 $\dot{X} = \dfrac{\mathrm{d}X}{\mathrm{d}\tau}$，$\dot{Y} = \dfrac{\mathrm{d}Y}{\mathrm{d}\tau}$
τ	无量纲时间，$\tau = \omega_0 t$
ω	转子的旋转角速度
ω_0	转子的固有角频率，且 $\omega_0 = \sqrt{\dfrac{k_\mathrm{r}}{m}}$
Ω	无量纲频率比，且 $\Omega = \dfrac{\omega}{\omega_0}$
Ω_l、Ω_u	参数方程实数根
v	(1) 速度
	(2) 间隙–径向位移比，且 $v = \dfrac{u}{\delta}$
ξ	转子的无量纲阻尼比
β	转子无量纲刚度系数
g	(1) 无量纲非线性刚度系数
	(2) 重力加速度
A	转子的振动幅值
R	转子无量纲半径，且 $R = \dfrac{r}{\delta}$
Λ	无量纲衰减系数
J	转子的转动惯量
k_t	转子扭转刚度系数
c_t	转子扭转阻尼系数
ξ_t	转子扭转阻尼比
m_1	轴承的质量
J_1	轴承的转动惯量
k_1	轴承刚度系数

c_1	轴承阻尼系数
ξ_1	轴承阻尼比
k_{1t}	轴承扭转刚度系数
c_{1t}	轴承扭转阻尼系数
ξ_{1t}	轴承扭转阻尼比
u_r	转子和轴承间相对位移
x_1、y_1	分别为轴承形心 x、y 方向的位移
θ、θ_1	分别为转子和轴承扭转方向的位移
$\dot{x}_1$、$\dot{y}_1$	分别为轴承形心 x、y 方向的速度
$\dot{\theta}$、$\dot{\theta}_1$	分别为转子和轴承扭转方向的速度
ϕ	转子转过的角度
J'	转子过质心的转动惯量
T	系统的总动能
T_t	转子转动动能
T_G	转子平动动能
T_{1t}	轴承转动动能
T_{1G}	轴承平动动能
x_c、y_c	分别为转子质心 x、y 方向的坐标
U	系统的势能
M	外力矩
F_x、F_y	分别为 x、y 方向的外激励力

绪　　论

从理论分析与工程应用的角度出发，阐述了本书研究的背景和意义，分析了橡胶轴承研究、转子系统动力学研究和转子系统弯扭耦合振动特性研究方面的国内外发展现状和发展趋势，总结了目前研究中有待解决的问题。

0.1　转子–橡胶轴承系统研究背景和意义

经过几百年的发展，现代潜艇具有很强的隐蔽性和机动性。目前，世界上主要的大国都在致力于发展潜艇，使其成为一种重要的战略威慑力量。潜艇在水下航行的时候，声呐设备才有能力探测到它，而且声呐设备还会受到有效作用距离的限制，因此，潜艇生存的主要优势是其隐蔽性。潜艇得天独厚的隐蔽性也极大地促进了反潜技术的不断发展和进步，各种反潜武器、反潜平台和反潜侦查系统相继出现并不断地发展进步。这使得潜艇面临极大的作战和生存威胁，因此，非常有必要改善潜艇的隐蔽性，从而提高潜艇的生存能力。

潜艇是一个非常复杂的噪声源，其自身的噪声辐射是破坏其隐蔽性和生存能力的主要因素。这也是这些年来各国致力于发展减振降噪技术、隐身技术、AIP 技术等来降低潜艇噪声的主要原因。如图 0-1 所示，潜艇艉部的噪声主要有三大来源：螺旋桨噪声、水动力噪声和机械噪声。轴系振动是机械噪声的主要来源之一，推进轴系是潜艇推进系统的重要组成部分，推进轴系不仅传递主电机的扭矩和螺旋桨的推力，而且承受其他各种激励力的作用，如轴系的不平衡力、轴承径向力以及摩擦激励力等。轴系的振动将会直接辐射噪声或是间接激励艇体结构产生振动而对外辐射噪声。因此降低潜艇艉部激励引起的轴系振动是我国现阶段提高潜艇隐身性能的紧迫任务。

潜艇轴系的艉部由水润滑橡胶轴承支承，橡胶轴承被置于艉管和托管内。橡胶轴承承受轴系和螺旋桨的重力载荷。当轴系低速重载运行或是停机和启动时，恶劣的润滑状态会导致轴颈与轴承摩擦副之间产生异常振动噪声，甚至发出可以听到的啸叫声，严重影响水下航行器的安全性、隐蔽性及生存能力[1–3]。潜艇轴系的异常振动可能是由于橡胶轴承和转子之间摩擦作用诱导自激振动引起的。因此，以转子–橡胶轴承系统为研究对象，研究轴系的非线性振动及其稳定性以及摩擦力作用下轴系和转子–橡胶轴承系统弯扭耦合振动机理，给出振动特性演化规律、系统参数对系统响应特性影响的规律，这将有助于揭示轴系异常振动噪声产生的原因，为提高水下航行器的稳定性和隐蔽性提供理论基础。

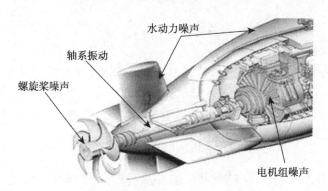

图 0-1　潜艇艉部主要噪声源

橡胶轴承具有摩擦系数小、耐磨、抑振、对安装和冲击不敏感等优点，因此国内外船舶和深井泵等设备中大量使用了橡胶轴承。随着各类舰船向高速化和大型化等方向发展，人们开始对船舶艉轴承运行的可靠性、承载能力和摩擦性能等提出更高的要求。作为舰船推进轴系中重要组成部分，橡胶轴承的性能将直接影响舰船航行时的舒适性、安全性以及隐蔽性。在第二次世界大战的海战中，橡胶轴承被应用于潜水艇上并取得了很好的战果，这使得橡胶轴承的优越性得到广泛认同 [4,5]。但是其缺点也非常突出，如：承载能力较小，设计比压常常小于油润滑轴承等 [6]。在有些工况下，如：低速运转、启动或是停机时，转子-橡胶轴承系统会出现异常的振动噪声，这种不足对于水下的航行器来说是很致命的。由于各种探测技术的不断发展进步，橡胶轴承这种缺点将会变得更加突出。因此，国内外许多学者对转子-橡胶轴承系统中异常振动、噪声产生的机理进行了大量理论和试验分析及研究 [7-12]，认为转子和橡胶轴承之间的非线性摩擦力引起扭转方向发生自激振动是系统异常振动、噪声产生的根本原因。因此，研究摩擦力作用下转子-橡胶轴承弯扭耦合系统表现出的复杂非线性动力学特性，对转子-橡胶轴承系统的故障诊断及其优化设计都具有十分重要的意义。

到目前为止，对转子-橡胶轴承系统摩擦诱导振动、噪声的研究，多集中于橡胶轴承摩擦机理、承载机理和润滑机理的一般性试验研究，而对其动力学特性，尤其是在振动特性、非线性动力学特性以及弯扭耦合响应特性方面的研究却很少，而这些方面对转子-橡胶轴承系统实际应用中的可靠性和安全性等方面是非常重要的。虽然相关方面的研究有很大难度，但是很有必要去进一步研究。在对转子系统的振动特性分析研究中，首先涉及的问题就是动力学理论建模。由于橡胶材料是一种超弹性材料，其非线性特征将对系统的动态特性产生较大的影响。转子和橡胶轴承之间摩擦力取决于多方面的因素，不仅取决于接触面的润滑状况、材料特性，而且还取决于相对运动速度和正压力等，这些因素都会影响转子-橡胶轴承系统的振动特性，但是这些方面的研究报告却很少。

以往，弯曲振动和扭转振动通常被人们认为是相互独立、互不相关的两种运动形式。但是，有些资料的研究结果指出，实际上轴系的弯曲振动和扭转振动之间存在着相互耦合的可能[13]。在文献 [14] 中，明确提出转子系统的弯曲振动和扭转振动之间存在相互耦合关系，且转子系统的弯曲振动、扭转振动以及耦合振动的共同作用往往才是事故发生的根本原因。若要给转子系统的故障诊断提供充足的信息，需要对系统的弯曲振动和扭转振动进行耦合分析。准确地了解转子系统的动力学特性，从而更深入地进行转子系统结构参数的分析和设计，这就需要对转子系统的弯扭耦合非线性动力学特性进行细致研究。

因此，加强对转子-橡胶轴承系统动力学的理论和试验研究是一个迫切的课题，本书将以转子-橡胶轴承系统为研究对象，进行系统的非线性动力学建模、转子碰摩振动特性、系统稳定性以及弯扭耦合振动特性等方面的探讨和分析研究工作。

0.2　橡胶轴承研究现状概述

早在第二次世界大战期间，潜艇艉部会出现异常振动噪声的问题就已经被美国军方发现。潜艇艉部的异常振动噪声会引起潜艇向外辐射噪声，从而使潜艇的生存能力受到严重威胁。为了解决此问题，美国军方用水润滑橡胶轴承全面取代潜艇上的油润滑巴氏合金轴承，并取得很好的效果。这是由于橡胶轴承具有很好的减振性能，所以艉轴的振动有效减小，艉轴的工作环境和振动噪声的辐射等也都得到很好的改善，舰艇被声呐等设备发现的可能性减小，从而使得舰艇的生存能力得到提高。橡胶轴承以水作为润滑介质，并具有优良的杂质包容性，除此之外还有摩擦系数小等优点，因此，橡胶轴承越来越多地被应用于舰船和泵等设备上。橡胶轴承的结构设计及其材料选用等方面的研究，长期受到美国军方支持。在大量的理论分析和试验研究基础上，他们在橡胶轴承许多关键技术上取得重大进步，且在 1963 年针对舰用水润滑轴承修定出军用标准 MIL-B-17 901 A(SH)。我国在水润滑橡胶轴承方面也做了大量工作和研究，并在 2008 年制定了《船用整体式橡胶轴承》(CB/T 769—2008)。

橡胶轴承结构主要有两种形式：板条式结构和整体式结构。直径较大的橡胶轴承常采用板条式结构，板条式水润滑橡胶轴承的橡胶层被硫化在攻有螺孔的金属条上，板条通过埋头螺丝固定于背衬上，这种结构形式便于更换维修。对于一般橡胶轴承常采用整体式结构[15]，整体式水润滑橡胶轴承便于加工，其橡胶层的内表面开有纵向水槽便于润滑。本书主要以整体式橡胶轴承为对象进行研究，带有八个纵向水槽，背衬材料为黄铜，橡胶层材料为丁腈橡胶，其结构如图 0-2 所示。

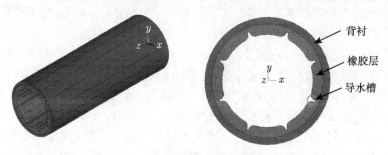

背衬

橡胶层

导水槽

图 0-2   橡胶轴承结构示意图

　　随着水润滑橡胶轴承应用的逐渐推广，越来越多的学者开始关注其发展，并对其设计参数和使用性能等方面展开研究。橡胶轴承的弹流润滑机理[16]、橡胶层材料选用[17,18]及其摩擦力学性能[19-21]等方面一直受到国内外学者的长期关注，但是关于橡胶轴承在实际应用中产生异常振动噪声的原因却很少被提及。在工程实际应用中，转子-橡胶轴承系统在低速重载、启动或是停机等特殊工况下，系统时常会出现异常的振动噪声，这种振动噪声也常被称为 "鸣音"，可被人耳听到，使得舰船的隐蔽性受到严重影响。隐蔽性对于水下舰船来说是非常重要的，往往关系到其安全性和存在的价值。

　　到目前为止，关于艉轴-橡胶轴承系统的异常振动鸣音问题，还不能在设计阶段对其进行有效且准确的预估。因此，有必要对系统的异常振动鸣音产生机理进行研究，实现振动鸣音能够在橡胶轴承的设计开发阶段进行预估，并能提出有效的措施来避免此类问题的出现。这对于提高产品竞争力、减小水下航行器的噪声辐射以及增强国防军备能力都具有非常重要的价值和意义。很多研究是关于振动鸣音产生的机理的，且大多集中于制动噪声、车床摩擦振动等方面，并提出了自锁-滑动机理、摩擦特性理论和统一理论[22]。也有一些针对转子-橡胶轴承系统中异常振动噪声的试验研究，但关于其异常高频振动噪声产生的机理以及相关影响因素的研究却很少。由于轴颈和橡胶轴承间的摩擦系数是相对滑动速度的函数，所以转子-橡胶轴承系统在运转时就有可能出现黏-滑 (stick-slip) 运动，这时常被认为是引起转子-橡胶轴承系统产生异常振动噪声的根本原因。近十几年来，基于不同的摩擦力学模型，国内外许多学者开始研究多自由度系统的稳定性，并希望能解释橡胶轴承产生异常振动噪声的机理。通过试验分析和研究，Bhushan[7]认为异常振动鸣音是橡胶轴承表面上黏-滑运动引起的一种振动噪声现象，并明确表述，橡胶轴承的颤振是和橡胶轴承结构及其材料均有关系的高频率振动，颤振的频率与系统的固有频率相关。

　　依据 Krauter[23] 的试验分析结果，Simpson 等[8] 建立了一个橡胶轴承非线性动力学模型,该模型有两个自由度,摩擦力是随着速度和时间不断变化的,通过数值计算得出系统的非线性动力学响应特性,经分析认为摩擦系数随速度和时间的变化导致系统不稳定是异常振动鸣音产生的原因。经过试验分析,姚世卫等 [9] 认为在重载荷或是高水温的工况下,由于橡胶轴承和旋转轴系之间相互作用,系统将会产生摩擦振动并发出尖叫声。由于静摩擦系数总是大于其动摩擦系数,当转子和橡胶轴承以较低的滑动速度相对运动时,黏着与滑动会交替出现,从而产生自激振动。通过试验分析研究,刘正林课题组 [1,10,24] 认为工作过程中,橡胶轴承与轴颈的直接接触面积和摩擦因数与速度之间的函数关系是决定橡胶轴承鸣音是否出现的主要因素,这与 Krauter 的结论基本一致。

0.3 转子系统动力学研究现状分析

0.3.1 转子系统研究概述

关于转子系统弯曲振动方面的研究,早在 1869 年 Rankine 就已经发表了相关的文章,临界转速的概念就是由他在题为 On the centrifugal force of rotating shaft 的论文中被首次提出,并指出在一阶临界转速之上,转子系统是无法正常进行运转的 [25]。这一错误的论断持续影响差不多半个世纪,使得工程界一直认为超临界转速工作的转子系统是不可能设计出的。直至 1919 年,在研究了两端刚性支承的单盘转子系统基础上,英国转子动力学方面专家 Jeffcott 教授得出在超临界转速区上转子系统是可以正常工作的结论,这在转子动力学领域引起了一次巨大变革 [26]。这一结论大大提高了旋转机械的功率和使用范围,许多超临界转速工作的推进轴系、涡轮机和泵等系统对工业发展起到巨大推进作用。但是,随之而来的重大事故使人们认识到,转子系统在超临界转速达到某一转速后,时常会出现强烈的振动甚至会造成系统的失稳。1924 年,Newkirk[27] 在题为 Shaft whipping 的文章中首次指出这种不稳定现象是由于油膜轴承引起自激振动并导致转子系统的破坏,从此人们意识到系统的稳定性分析在转子动力学分析中的重要性。Newkirk 和 Lund 是研究转子动力学领域的里程碑人物,并发表了关于油膜轴承稳定性分析方面的两篇代表性文章 [28,29]。随着现代工业的进步,旋转机械的应用越来越广泛且转子越来越柔、功率越来越大、间隙越来越小,这些均是转子动力学研究领域的一系列难题,但也是促进转子动力学发展的动力源泉。

早期关于旋转机械的研究都是建立在线性理论基础上的,但是从本质上来讲,旋转机械动力学是非线性问题。此外,在分析转子系统动力学特性时,Noah 等 [30] 指出了考虑非线性因素的必要性以及线性分析理论的局限性。转子系统的碰摩、具有非线性支承的转子系统、转子系统某些部件松动以及裂纹转子系统振动等均带有明显非线性特征的问题日益突出。因此，关于转子系统的非线性动力学特性分析和研究受到越来越多学者的关注 [31−38]。随着科学技术的进步，人们逐渐意识到在很多情况下，特别是系统处于故障状态时，线性理论难以很好定性和定量地去解释工程中遇到的一些复杂现象和问题，这就迫切需要引入非线性动力学理论。

由于系统固有的非线性因素存在，如部件间的间隙和碰摩、滑动轴承的油膜力、材料本身的非线性物理特性、滚动轴承中的间隙和恢复力、裂纹、大变形和大位移等，系统的非线性动态行为在旋转机械中非常常见。Myers[39] 和 Hollis 等 [40] 对一个具有两自由度的转子系统进行分析研究，并给出了系统在失稳点附近的分岔行为。Gardner 等 [41] 用多尺度法分析了转子系统失稳后的弱非线性特性，并给出了平衡点失稳后的超临界分岔和次临界分岔现象。结合时域图、相图、轴心轨迹图、幅频图以及 Poincaré映射，Adams 等 [42] 研究了由可倾瓦轴承和圆柱轴承支承的转子系统，揭示了系统中蕴含丰富的非线性动力学现象，并指出了转子系统的动态响应进入和离开混沌的途径。丁千等 [43] 用数值积分方法研究了在不平衡力及非线性油膜力作用下，弹性转子–轴承系统的稳定性以及油膜失稳时的动态特性，推导出受冲击载荷作用下的转子系统动力学方程，并给出了冲击载荷对转子系统稳定性的影响。Zhao 等 [44] 用数值方法研究了不平衡力作用下转子系统的动态响应特性，分析了油膜阻尼器支承对系统响应特性的影响，并揭示了同频涡动、次谐波振动、拟周期振动、幅值突跳、分岔以及混沌等非线性动力学现象。Jiang 等 [45] 对具有交叉刚度两自由度的转子–轴承系统进行研究，分析得出系统出现碰摩、同频全周碰摩、准周期运动和反向涡动失稳运动的参数空间，并讨论了系统参数对系统稳定性的影响。黄文振 [46] 研究了多跨滑动轴承支承的转子系统稳定性，揭示了短轴承支承转子系统的稳定性以及分岔与混沌动力学行为。Zhang 等 [47,48] 对转子系统进行了数值仿真分析，给出了系统的非线性动力学响应特性，揭示了系统的响应随着旋转速度的变化呈现出复杂的动力学现象，出现了周期、倍周期、准周期等丰富的运动形式，这些均是由系统具有很强的非线性引起的。

如果对转子系统进行动态分析时依然采用线性简化方法，将不可避免地过滤掉很多重要的非线性振动特性，这将必然引起分析结果与系统的真实动力学行为之间产生差距，进而影响机械系统故障诊断和预测水平的提高以及转子系统的结构设计分析。

0.3.2 转子系统碰摩响应特性研究现状

转子系统被广泛地应用于工程实际当中，为了提高转子系统的机械效率，转子与轴承之间的间隙被设计得越来越小，但是这将使转子系统发生碰摩的可能性提高。有些碰摩现象随着转子–轴承间磨损量增加，碰摩逐渐消失，对转子系统的运转安全性影响不大；但有些情况则不然，转子与轴承之间发生碰摩将导致转子系统局部发热, 造成转子热弯曲, 使不平衡振动加剧, 并使碰摩进一步加重, 严重时会出现反向涡动失稳, 而造成整个机械系统破坏。据有关部门的统计报道, 在 1962~1976 年间由碰摩引起的航空发动机事故约占所有事故的 10%[49]。1972 年, Kainan 电厂有一汽轮机因出现了转子反向涡动失稳而引起严重意外事故 [50]。在压缩机和高压泵的工程实际中, 由于转子-轴承之间碰摩而引起的损失也是非常巨大的, 大约有 13% 的汽轮机损坏事故都涉及密封件的碰摩问题。因此, 近几十年来, 从事转子动力学和旋转机械方面研究的学者开始重视转子和轴承之间的碰摩问题。

碰摩问题是一类典型的分段强非线性问题, 是旋转机械的旋转部件和静止部件之间的碰摩现象。在转子-轴承碰摩系统中, 影响系统响应特性的系统参数和因素比较多, 碰摩发生的部位不同 (密封件或是轴承等)、方式不同 (径向或轴向等)、动静部件的力学特性不同 (材料特性或是支承特性有差异) 都会引起系统响应特性各不相同。所以说, 转子和轴承之间的碰摩是非常复杂的非线性动力学问题。因此, 针对不同的碰摩问题, 往往需要建立不同的转子-轴承系统模型来进行研究分析。前人大部分研究都是采用数值积分方法进行分析, 并针对少数几个系统参数对碰摩响应特性的影响规律进行讨论, 这些成果使得人们对转子-轴承碰摩系统可能出现的现象以及随参数变化系统响应的演化规律逐渐有了较深刻的认识[37,51−58]。还有许多学者从事转子-轴承系统的碰摩试验研究, 发现了丰富的碰摩动力学现象, 并验证了数值仿真中得到的非线性动力学行为, 这为相关领域的理论研究和工程应用提供了许多非常有价值的结论 [59−66]。但是, 因转子和轴承之间的碰摩而产生的许多动力学现象是由多个系统参数共同决定的, 在碰摩响应特性分析中仅考虑一两个系统参数的影响时, 其结果往往都会有很大的局限性, 时常会出现其他某参数发生变化时, 系统的响应呈现出完全不同的形式。因此, 关于转子-轴承系统碰摩问题的理论分析研究, 在系统参数对系统响应特性的影响规律等方面, 还需要进行更深的认识 [45,62,67−73]。

0.3.3 碰摩法向力模型

当转子与轴承或是与密封件发生碰摩时, 碰摩体法向间的局部接触变形和作用力的关系通常采用分段线性弹簧来描述, 也有采用分段非线性弹簧来描述的。基于接触力学理论, 有大量的文献关于建立接触模型的研究。接触力学最初的理论是基于将简化模型假设为完全刚体, 即用一恢复系数来描述接触变形和作用力的关系。实际上, 转子与轴承之间的接触面是会发生弹性变形的, 因此接触引起的变形量绝对大于零。Hertz 在研究两个玻璃透镜之间间隙中的 Newton 光学干涉条纹时, 注意到透镜间的接触压力可能造成透镜表面发生弹性变形, 并首先提出弹性接触的 Hertz 理论。在接触模型中, Hertz 理论被广泛应用于建立载荷与变形之间的函数关系。众所周知, Hertz 接触理论只适用于描述非协调接触面之间的问题, 而描述转子-轴承系统之间的接触问题是不太适合的。Bauchau 等 [74,75] 在 Hertz 理论基础上，系统地分析了接触问题，并建立了一种适合于存在间隙的两圆柱体之间的接触模型。

在描述转子-轴承系统之间的接触问题时，一般认为只要给出合理的刚度系数，不论是采用线性弹簧还是采用非线性弹簧来描述法向间的关系，对转子-轴承碰摩系统的定性动力学分析都不会有太大影响。但是，对研究定量的碰摩力和局部磨损效应时，会有较大的影响。因此，学者开始采用两圆柱内接触的应力公式对接触力进行估算 [76]，其接触法向力的表达式为

$$F_{\mathrm{n}} = k_{\mathrm{r}}r, \quad k_{\mathrm{r}} = 1.568 \left(\frac{1-\nu_1^2}{E_1} + \frac{1-\nu_2^2}{E_2} \right)^{-\frac{4}{5}} \left(\frac{R_2^2}{\delta} \right)^{\frac{2}{5}} \left(mv^2 \right)^{\frac{1}{5}} \tag{0-1}$$

式中，k_{r} 为接触刚度系数；E_1，E_2 分别为转子与轴承的杨氏模量；δ 为间隙量；R_2 为转子半径；ν_1，ν_2 分别为转子与轴承的泊松比；m 为转子质量；v 为撞击速度。

除此之外，Rivin[77] 也提出一种用于描述两圆柱接触时的接触力和变形之间的函数关系，其表达式为

$$F_{\mathrm{n}} = k_{\mathrm{r}}r_{\mathrm{u}}^2 \tag{0-2}$$

上述模型可以很好地描述圆柱形弹性体之间接触力学模型。但考虑到橡胶轴承具有超弹性材料特征，同时计入其支承刚度的非线性特性。目前尚无理论模型可以准确描述橡胶轴承与转子之间的接触法向力学特性。但是，其载荷与径向变形量之间的非线性关系可以参照《前联邦德国国防军舰艇建造规范》(BV 043—1985)，并按下式进行估算：

$$F_{\mathrm{n}} = k_{\mathrm{r}}r_{\mathrm{u}}(1 + 100r_{\mathrm{u}}) = k_{\mathrm{r}}r_{\mathrm{u}} + \alpha r_{\mathrm{u}}^2 \tag{0-3}$$

式中，r_{u} 为变形量；k_{r} 为线性刚度系数；α 为非线性刚度系数。因此，轴承内环面上转子和橡胶轴承之间的接触刚度为 $k_{\mathrm{r}} + \alpha r_{\mathrm{u}}$。

0.3.4　碰摩切向力模型

摩擦力 F_{τ} 为在两接触构件间存在正压力 F_{n} 时阻止两构件进行相对运动的切向阻力。在工程实际应用中，人们逐渐意识到摩擦力模型常常决定着对系统动力学模型描述的准确性，也关系到能否对系统状态进行精确的预测。为了能够得到合理的摩擦力模型，一些学者进行了各种各样的试验研究，并取得了很多成果。随着对摩擦力模型的不断深入研究，摩擦力的强非线性特点引起系统产生丰富的动力学特性逐渐被人们所发现。如：由于滑动摩擦力随相对滑动速度不断变化而引起黏-滑运动 [78]、率相关特性 [79,80] 以及更为复杂的混沌和分岔现象等 [81-83]。由此看来，人类对于摩擦力特性的认识和研究是不断深入的。对于两个接触并做相对滑动的物体而言，一般都是通过宏观或是微观机理来对其进行摩擦特性研究。微观机

理可以解释产生摩擦机理的根本原因，而宏观机理常常更着重描述结果和现象，从而总结出合理而简单的摩擦力模型。其中，最简单的要数库仑摩擦力模型[84]：

$$\mu = \text{sgn}(v_{\text{rel}}) \frac{F_{\tau}}{F_{\text{n}}} \tag{0-4}$$

式中，v_{rel} 为接触构件间的相对滑动速度；μ 为库仑摩擦系数。由于库仑摩擦力模型具有处理简捷且可以取得良好的近似效果的优点，在考虑切向干摩擦力时常常采用该模型。但是，库仑摩擦力模型并不能非常贴切地描述接触构件间的摩擦行为，因此，实际上在应用库仑摩擦力模型描述摩擦行为或是用于仿真分析系统振动特性时，结果时常不尽如人意。为了能够准确地预测系统的动态响应特性，需要找到一种更好的摩擦力模型来准确表达相对滑动表面间摩擦行为。

对于接触构件间做高速相对运动的情况，Jiang 等[85] 首先提出了一种可以描述这种工况下摩擦力模型的解析公式：

$$\mu = \left(\frac{0.8343N}{1-\eta^N}\right) \frac{T_{\text{d}} - T_0}{P_{\text{h}}^{0.75}} \left(\frac{\rho c k}{v_{\text{rel}}}\right)^{\frac{1}{2}} \left(\frac{1}{F_{\text{n}}}\right)^{\frac{1}{4}} \tag{0-5}$$

式中，T_{d} 和 T_0 分别为熔点温度和环境温度；P_{h} 为系统中较软碰撞体的硬度；ρ 为密度；c 为比热容；k 为热导率；v_{rel} 为碰撞体间的相对滑动速度；F_{n} 为相互作用的法向载荷。其中，$\eta = \lambda_1/(1+\lambda_1)$，$\lambda_1 = k_1/k_2$，$N$ 为描述碰撞面间接触突触数目的量，当 $N = 1$ 时，一般认为两个碰撞体的材料相同。

有时润滑面间摩擦力特性和干摩擦力特性有相似之处，即最大静摩擦力大于动摩擦力或滑动摩擦力。相对滑动的润滑面间通常用油、水等液体来润滑，且摩擦力会随着相对滑动速度变化而变化。一般而言，滑动摩擦系数可用相对滑动速度 v_{rel} 和三个独立变量来表达[86]：

$$\mu(v_{\text{rel}}, \mu_0, \mu_1, \lambda) = \text{sgn}(v_{\text{rel}}) \left[\mu_1 + (\mu_0 - \mu_1) \exp(-\lambda |v_{\text{rel}}|)\right] \tag{0-6}$$

式中，μ_0 为静摩擦系数；μ_1 为库仑摩擦系数；λ 为衰减系数。

此摩擦力模型可以很好地描述两滑动接触构件间的摩擦力特性。但是，在分析系统摩擦动态特性过程中，如果出现相对滑动速度方向发生改变时，该模型的强非连续性将会带来很多计算难题。因此，需要将方程 (0-6) 中的符号函数 $\text{sgn}(\cdot)$ 用函数 $\tanh(\cdot)$ 来代替[87]，此时摩擦力模型的表达式为

$$\mu = \tanh(k_{\text{tanh}} v_{\text{rel}}) \left[\mu_1 + (\mu_0 - \mu_1) \exp(-\lambda |v_{\text{rel}}|)\right] \tag{0-7}$$

式中，系数 k_{tanh} 决定函数 $\tanh(\cdot)$ 从 -1 附近变化到 $+1$ 附近的速度。

橡胶材料湿态滑动摩擦系数的试验测试结果[88] 和理论数学模型曲线如图 0-3 所示，滑动轴承滑动摩擦系数的试验测试结果[89] 和理论数学模型曲线如图 0-4 所

示, 从图中可知试验数据和理论曲线基本一致, 由此可以认为指数型摩擦力模型可
以较准确地描述滑动摩擦系数和相对滑动速度之间的函数关系。

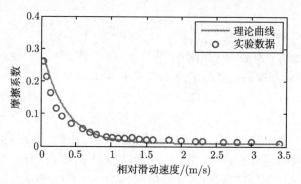

图 0-3   橡胶材料滑动摩擦系数–相对滑动速度曲线 ($\mu_0 = 0.37$, $\mu_1 = 0.008$, $\lambda = 2$)

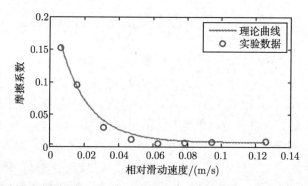

图 0-4   滑动轴承摩擦系数–相对滑动速度曲线 ($\mu_0 = 0.22$, $\mu_1 = 0.007$, $\lambda = 60$)

通过对比图 0-3 和图 0-4, 发现随着相对滑动速度的增大, 橡胶轴承的摩擦系
数以相对较慢的速度衰减, 即其衰减系数 λ 相对较小。衰减系数的大小将会影响
转子–橡胶轴承系统的动力学特性, 在以后的章节中将进行详细的讨论。

0.3.5   碰摩系统的非线性动力学现象

碰摩系统是一类典型的分段强非线性系统, 且系统参数之间会相互作用影响,
引起系统产生丰富的非线性动力学现象。到目前为止, 针对典型碰摩系统的试验研
究和理论分析已经取得了显著的成果, 主要有: 典型动态响应特征的描述, 典型响
应参数区域边界的确定, 不同动态响应之间进行转换原理的揭示, 多种稳态响应共
存的参数区域的求解等方面。由于转子–轴承碰摩系统的非线性特性, 其响应有多
种形式: 周期无碰摩响应、同频全周碰摩响应、倍周期碰摩响应、准周期碰摩响应
以及碰摩引起的跳跃、分岔和混沌现象。在一些转子–轴承系统的碰摩试验中, 随

着旋转速度的变化,不同的碰摩响应之间会发生相互切换的现象时常被重复发现,这说明这种随着旋转速度变化而出现的分岔现象很具有典型性。Muszynska[90] 通过试验分析发现随着旋转速度的增加或是减小,转子系统动态响应变化规律均为从无碰摩状态转变到同频全周碰摩再转变为无碰摩状态,但是在超临界转速的条件下,无碰摩响应和同频全周碰摩响应发生转变时常会出现跳跃现象,即幅值突变。通过试验研究,Bently 等 [66,68] 和 Ehehalt 等 [62] 也发现了跳跃现象的存在。而在 Wu 等 [91] 所做的试验分析中,发现转子系统动态响应随旋转速度增加的变化规律却为:无碰摩运动 → 同频全周碰摩 → 局部碰摩 → 反向全周碰摩。针对系统中可能出现的反向全周碰摩响应,有许多相关的碰摩试验研究,并揭示了该响应的存在参数区域以及响应特性和系统参数之间的关系 [92,93]。由此可见,转子-轴承系统碰摩引起的系统响应是非常丰富的,系统参数对系统响应的影响是复杂的,对转子-轴承系统的碰摩动力学行为进行深入研究是很有实际意义的。

在工作转速范围内,转子系统的碰摩形式可分为两类:全周碰摩和局部碰摩。当发生全周碰摩时,摩擦效应占主导地位;而发生局部碰摩时,冲击效应占主导地位。由于在全周碰摩发生时转子和轴承是持续接触,和局部碰摩相比,其危险性更大一些。全周碰摩还可以分成两种:一种为同频全周碰摩,而另一种为反向全周碰摩。当反向全周碰摩发生时可能导致转子系统的严重破坏,此时,系统的振动幅值远远大于转子和轴承之间的间隙 [94]。

同频全周碰摩发生时破坏力比较小,系统振动幅值不大,转子和轴承间的接触比较轻微。但是系统长时间处于同频周期碰摩状态,容易产生热效应而诱发轴的热弯曲现象,仍有可能造成系统的局部破坏 [95,96]。同频全周碰摩广泛存在于转子-轴承系统中,Bently 等 [97] 研究了同频全周碰摩解的稳定性,给出了同频全周碰摩和无碰摩运动之间发生跳跃转换的条件。Choi[65] 通过研究给出了转子系统开始出现同频全周碰摩的条件。Zhang 等 [98] 通过数值和解析的方法分析同频全周碰摩发生 Hopf 分岔的参数边界,并讨论系统参数对跳跃现象的影响。张文明 [99] 分析了 Jeffcott 微转子碰摩系统同频全周碰摩解的稳定性以及系统参数对稳定响应区域的影响规律。许斌等 [100] 对带不平衡质量的 Jeffcott 转子系统进行了同频全周碰摩运动分析:寻找存在同频全周碰摩解的参数区域,求出同频全周碰摩解的表达式,讨论同频全周碰摩解的稳定性,给出了同频全周碰摩解稳定性判据的近似表达式。张华彪等 [101] 采用平均法求解弹性支承-刚性不对称转子系统同步全周碰摩运动的稳定性和失稳条件。

反向全周碰摩是由于摩擦力持续将系统中的转动能量转变为其横向振动的能量,从而使得振动幅值比较大。Jiang 等 [69] 研究发现只有考虑了干摩擦效应才能准确地描述反向全周碰摩运动,并详细地论述了系统发生反向全周碰摩运动的过程和机制。Lingener[93] 研究发现,在某些旋转速度范围内,受到外界扰动时转子系统可能会突然失稳而出现反向全周碰摩运动。Zhang[102] 指出当转子和轴承间的相对滑动速度大于某临界速度时，转子系统将会失稳而进入反向全周碰摩运动，并给出了发生反向全周碰摩运动的临界速度。Bently 等 [66,97] 研究发现旋转轴系的半径较大时系统就较容易出现反向全周碰摩运动。通过试验研究和数值分析，Muszynska[103] 讨论了系统参数 (如摩擦系数、不平衡量、阻尼等) 对系统响应特性的影响，给出了同频全周碰摩运动和反向全周碰摩运动相互转变的规律。Jiang 等 [104] 通过研究给出了转子–轴承耦合系统反向全周碰摩响应的幅频特性和出现的参数条件。Dai 等 [105] 对转子系统与限制器发生碰摩时的响应特性进行了详细研究并发现了反向全周碰摩运动。在考虑了转子和机匣之间非线性接触力的情况下，Wilkes 等 [106] 通过试验研究和数值分析，发现系统反向全周碰摩会激起系统多阶模态振动。张华彪等 [107] 采用平均法求得了系统反向全周碰摩的解析解，并判断了解的稳定性，认为反向全周碰摩既可以由干摩擦力引起，也可以由干摩擦力和转子系统的非线性刚度共同作用引起。

局部碰摩一般表现为准周期的碰摩响应和倍周期的碰摩响应，准周期碰摩响应的轴心轨迹呈现不完全封闭的花瓣形状且不会重复，倍周期碰摩响应的轴心轨迹呈现封闭的花瓣形状，且其周期是转子旋转周期的整数倍。Choi[108] 通过参数识别建立了转子系统局部碰摩运动的力学模型，并将试验轴心轨迹和数值仿真轴心轨迹进行对比，发现数值仿真能很好地解释试验中的现象。Chávez 等 [109] 解释非光滑 Jeffcott 转子系统的复杂动力学现象，发现转子剐蹭轴承的路径、二倍周期分岔现象以及二倍周期碰摩响应特性。Shen 等 [110−113] 应用数值方法分析带有偏心力的转子–轴承碰摩系统非线性动力学特性，发现系统具有丰富的运动形式：周期运动、二倍周期运动、五倍周期运动、六倍周期运动以及准周期运动。张文明等 [47,48,99] 在研究中认识到局部碰摩运动具有准周期和倍周期两种运动形式，并确定了局部碰摩响应的参数边界。

0.4　转子系统弯扭耦合振动特性研究现状

转子系统的振动主要有弯曲振动和扭转振动两种形态，这两种振动形态通常会被人们分开去研究，并且以研究弯曲振动为主。实际上轴系振动时，这两种振动形态是同时存在于系统中且相互之间有耦合的关系。因此，单独研究系统的弯曲振动或是扭转振动时，常常不能准确把握轴系动力学特性，这对转子系统的结构进行设计分析是非常不利的。因此，研究转子系统弯扭耦合振动特性非常有意义和工程实际应用价值。

弯曲振动和扭转振动同时存在于转子系统上，质量不平衡和外激励等因素引起它们之间相互耦合，使得转子系统的响应表现出丰富的非线性动力学特性 [114−118]。

通过对转子系统弯曲和扭转耦合振动特性的分析，以及对系统稳定性的研究，Tondl[119] 发现在某转速范围内系统的振动是不稳定的。在 Laval 转子系统模型基础上，Kellenberger[120] 建立了弯扭耦合振动动力学方程组，研究了系统的非线性动力学特性，并认为弯曲振动和扭转振动之间存在非线性耦合关系，在某些旋转速度条件下，扭转振动将会引起弯曲方向发生非同步频率的振荡。在忽略重力因素而考虑质量不平衡和陀螺效应的条件下，Kato 等 [121] 研究了 Jeffcott 转子系统弯扭耦合振动特性，并认为引起系统出现弯扭耦合的主要因素是质量不平衡。Mohiuddin[122] 用有限元法建立了不平衡转子系统的弯扭耦合动力学模型，该模型是通过考虑陀螺效应和惯性力的影响引出系统的弯扭耦合，这为分析转子系统弯扭耦合动态特性开辟了新的思路。刘占生等 [123] 研究了 Jeffcott 转子系统弯扭耦合非线性动力学特性，给出了系统发生分岔的参数条件，认为不平衡量是引起系统发生弯扭组合共振的主要原因，应该尽量避免出现弯扭组合共振。Liu 等 [124] 构造出非线性转子系统弯扭耦合动力学模型，并研究了其非线性动力学特性。何成兵等 [125] 利用小参数法分析了在不平衡力激励下转子系统弯扭耦合非线性动力学特性，认为外激励力可能会引起系统出现弯扭耦合组合共振，并且当外激励力频率在其弯曲、扭转固有频率或是其组合频率附近时，系统将被激励起幅值较大的扭转和弯曲振动。通过应用传递矩阵法，Hsieh 等 [126] 建立了不平衡转子-轴承系统弯扭耦合振动动力学方程，分析了外扭矩激励力对系统稳态响应的影响。Yuan 等 [127,128] 分别用解析和数值积分方法对不平衡质量作用下 Jeffcott 转子系统弯扭耦合振动响应特性进行了研究，揭示了碰摩和弯扭耦合振动现象。梁明轩等 [129] 建立了内燃机曲轴轴系弯扭耦合运动微分方程，模型中考虑了轴系变惯量、质量偏心和非线性干摩擦阻尼力等因素，研究发现气缸与活塞间阻尼会对系统响应振幅产生明显抑制作用，减小曲轴轴系偏心量可以有效地提高曲轴系统运动稳定性。考虑不平衡力及重力的影响，Plaut 等 [130] 应用多尺度法得到了考虑弯扭耦合转子系统的近似解析解，给出了系统出现扭转共振的转速条件。Shen 等 [111,131] 在不平衡转子系统弯扭耦合振动的非线性动力学方程中考虑了重力和陀螺效应的影响，通过数值分析得到了在外激励力作用下转子系统弯扭耦合动力学特性。Li 和 Chen[132] 建立了非线性转子系统的弯扭耦合模型，并研究了其谐振、次同步谐振以及组合共振等复杂非线性动力学现象。

从上述文献综述可见，国内外针对转子系统的动力学特性、碰摩响应特性、弯扭耦合振动特性以及转子-橡胶轴承系统产生鸣音的机理等方面都已展开广泛而深入的研究，理论研究成果和试验研究结论都非常的丰富。但是，大部分的研究中并没有考虑橡胶轴承的支承非线性以及摩擦力与相对滑动速度相关的特性，这势必会影响分析结果的准确性。国内外船舶和深井泵等设备中大量使用了橡胶轴承，在运转过程中特别是在低速重载的工况下，常常会出现异常的剧烈振动和鸣音以及橡胶体磨损较为严重的现象。这些现象严重威胁着系统的稳定性和隐蔽性，但是能够解释转子–橡胶轴承系统出现异常高频鸣音现象和揭示系统非线性振动特性的相关研究还是有些不足，关于转子–橡胶轴承系统弯扭耦合振动的试验研究也很少。因此，在考虑橡胶轴承支承非线性的条件下，以转子–橡胶轴承系统为研究对象，建立摩擦力作用下转子系统的非线性动力学模型，对系统的碰摩响应稳定性、非线性动力学特性以及弯扭耦合动态响应特性等方面进行分析研究显得十分必要。

0.5　转子–橡胶轴承系统研究内容

以转子–橡胶轴承系统的主要动力学特性和异常振动问题为背景，对旋转机械在碰摩力作用下转子系统或是转子–橡胶轴承系统的响应特性、稳定性和弯扭耦合振动特性进行分析研究。主要研究内容包括转子系统动力学特性演化规律研究、转子系统碰摩响应的非线性动力学特性研究，摩擦力作用下转子系统的弯扭耦合振动特性研究以及转子–橡胶轴承系统弯扭耦合振动特性研究，此外，以转子–橡胶轴承系统为试验对象，对系统进行动力学试验并解释系统产生鸣音现象的原因。具体来说，主要内容安排如下。

第一，建立 Jeffcott 转子系统动力学模型，确定周期无碰摩响应的边界、碰摩运动的边界及其稳定性边界。分析系统参数阻尼比和偏心率对转子系统振动响应特性随旋转速度演化规律的影响，得到不同振动响应演化方式在阻尼比和偏心率参数平面上的分布，并给出各种响应特性随旋转速度的演化规律。

第二，以非线性弹性支承的转子系统为研究对象，建立转子系统碰摩的动力学模型和运动微分方程，针对微分方程解的稳定性，应用分岔理论进行深入的分析和研究，从而确定无碰摩周期运动边界、碰摩运动边界及同频全周碰摩运动的稳定性边界。并分析摩擦系数等主要系统参数对系统动态响应特性的影响，由此得出参数平面内不同碰摩响应区域的边界。这些分析可以更好地理解系统参数和不同系统响应特性之间的关系。

第三，考虑非线性弹性支承和摩擦力的速度依赖性，建立摩擦力作用下转子系统非线性动力学方程，采用数值积分的方法，对碰摩力作用下系统各种非线性行为和失稳过程进行分析。其分析结果有助于理解转子系统动态特性和现象，如同频全周碰摩运动、准周期运动、倍周期运动以及跳跃现象，并分析系统参数 —— 旋转速度、衰减系数、刚度系数、非线性刚度系数和偏心率对系统响应特性的影响。

第四，通过采用 Lagrange 方程推导出不平衡转子系统弯扭耦合振动非线性动力学微分方程，分析在摩擦力作用下系统的弯扭耦合振动响应特性。最终通过对三维谱图、相图和 Poincaré 截面的分析，得到了在摩擦力作用下橡胶轴承支承的转子系统中蕴含的各种复杂非线性动力学现象，并研究了系统参数对系统动态响应特性的影响。

第五，以转子–橡胶轴承系统为研究对象，建立弯扭耦合振动非线性动力学方程，利用数值方法分析在速度依赖型的摩擦力作用下转子–橡胶轴承系统的弯扭耦合振动特性。通过对三维谱图、时域曲线图、幅频图、轴心轨迹和相图的分析，得到了摩擦力作用下系统中蕴含的各种复杂非线性动力学现象以及系统产生高频鸣音的原因，并分析转子–橡胶轴承系统参数对系统动态响应特性的影响。

第六，对转子–橡胶轴承系统进行了动力学特性试验研究。根据理论分析模型和结果，设计合理的试验模型和试验方案，在此基础上对转子–橡胶轴承系统进行试验测试，分析系统产生自激振动的条件以及径向外载荷对系统产生自激振动现象转速范围的影响，并验证理论分析结果。

第1章 转子系统动力学特性演化规律研究

基于碰摩理论建立 Jeffcott 转子系统动力学模型，运用现代非线性动力学和分岔理论对转子系统进行分析，分析结果确定了周期无碰摩响应的边界、碰摩运动的边界及其稳定性边界。详细分析了系统参数阻尼比和偏心率对转子系统振动响应特性随旋转速度演化规律的影响，得到了不同振动响应演化方式在阻尼比和偏心率参数平面上的分布，并给出了各转子系统响应特性随旋转速度的演化规律。这些分析结果可以更好地理解转子系统的无碰摩运动、同频全周碰摩运动、局部碰摩运动、反向涡动失稳以及跳跃现象等动态响应特性和系统参数之间的关系。

燃气轮机、航空发动机、舰船轴系、电动机以及提升机主轴等旋转机械被广泛地用于诸多工业生产部门中，因此旋转机械的各种异常振动可能严重威胁机械的安全运转，甚至可能导致重大的安全事故。因此，研究转子系统非线性动力学行为和系统参数之间的关系，揭示转子碰摩条件、稳定性条件以及振动特性演化规律对优化转子系统设计和故障诊断都具有十分重要的意义。

关于转子系统非线性动力学特性的研究，已有大量的研究成果。尤其是自 20 世纪 80 年代以来，人们从实验分析、理论数值模拟分析等方面对转子系统的非线性动力学特性开展了广泛而深入的研究，并发现了转子系统中可能出现丰富的动力学现象，如"跳跃"现象 [133]、同频全周碰摩运动 [73,98]、倍周期的局部碰摩运动 [5,6]、准周期的局部碰摩运动 [134]、亚谐和超谐碰摩响应以及混沌行为 [135−140]。到目前为止，虽有大量研究成果中涉及系统参数对转子系统动态响应特性的影响，但鲜有在阻尼比和偏心率参数平面上给出转子系统响应特性演化规律分布。本章将分析转子系统发生碰摩和鞍结分岔的边界条件，分析系统的稳定性，给出转子系统不同演化方式在阻尼比和偏心率参数平面上的分布规律，并讨论系统参数阻尼比和偏心率对系统振动响应特性随旋转速度演化规律的影响，对不同的演化规律进行讨论分析。

1.1 转子系统的模型与运动控制方程

1.1.1 转子系统动力学模型的建立

转子系统模型如图 1-1 所示，它由一个支承在无质量刚度为 k，阻尼为 c，转

轴中间质量为 m 的刚性转子构成，转子和定子间的间隙为 δ，转子的质心与其几何中心之间的距离偏心距为 e，定子内环面的碰摩刚度为 k_r。

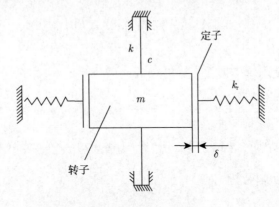

(a) 系统无碰摩时的前视图

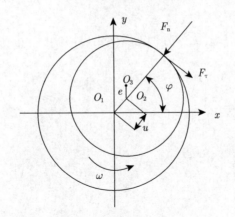

(b) 系统发生碰摩时的俯视图

图 1-1　转子系统模型

则转子和定子之间的摩擦力和接触力为

$$\begin{cases} \begin{cases} F_n = 0 \\ F_\tau = 0 \end{cases} & (u \leqslant \delta) \\ \begin{cases} F_n = k_r\,(u - \delta) \\ F_\tau = \mu F_n \end{cases} & (u > \delta) \end{cases} \tag{1-1}$$

式中，$u = \sqrt{x^2 + y^2}$，为转子径向位移；μ 为转子与定子间摩擦系数。将摩擦力和接触力分解到笛卡儿坐标系中为

$$\left\{ \begin{array}{c} F_x \\ F_y \end{array} \right\} = \left[\begin{array}{cc} -\cos\varphi & \sin\varphi \\ -\sin\varphi & -\cos\varphi \end{array} \right] \left\{ \begin{array}{c} F_n \\ F_\tau \end{array} \right\}$$
$$= -\frac{k_r(u-\delta)}{u} \left[\begin{array}{cc} 1 & -\mu \\ \mu & 1 \end{array} \right] \left\{ \begin{array}{c} x \\ y \end{array} \right\} \tag{1-2}$$

所以, Jeffcott 转子系统动力学方程可表达为

$$\left\{ \begin{array}{l} m\ddot{x} + c\dot{x} + kx + \Theta \dfrac{k_r(u-\delta)}{u}(x - \mu y) = me\omega^2\cos\omega t \\[3mm] m\ddot{y} + c\dot{y} + ky + \Theta \dfrac{k_r(u-\delta)}{u}(\mu x + y) = me\omega^2\sin\omega t \end{array} \right. \tag{1-3}$$

式中, Θ 为 Heaviside 函数, 即

$$\Theta = \left\{ \begin{array}{ll} 1 & \sqrt{x^2+y^2} > \delta \\[2mm] 0 & \sqrt{x^2+y^2} \leqslant \delta \end{array} \right.$$

将 Jeffcott 转子系统动力学方程无量纲化为

$$\left\{ \begin{array}{l} \ddot{X} + 2\xi\dot{X} + \beta X + \Theta\left(1 - \dfrac{1}{v}\right)(X - \mu Y) = \rho\Omega^2\cos\Omega\tau \\[3mm] \ddot{Y} + 2\xi\dot{Y} + \beta Y + \Theta\left(1 - \dfrac{1}{v}\right)(\mu X + Y) = \rho\Omega^2\sin\Omega\tau \end{array} \right. \tag{1-4}$$

式中, $\tau = \omega_0 t$; $\Omega = \dfrac{\omega}{\omega_0}$; $X = \dfrac{x}{\delta}$; $Y = \dfrac{y}{\delta}$; $\dot{X} = \dfrac{\mathrm{d}X}{\mathrm{d}\tau}$; $\omega_0 = \sqrt{\dfrac{k_r}{m}}$; $\rho = \dfrac{e}{\delta}$; $v = \dfrac{u}{\delta}$; $\xi = \dfrac{c}{2\sqrt{mk}}$; $\beta = \dfrac{k}{k_r}$。

1.1.2　无碰摩运动条件

转子在旋转的过程中, 转子和定子接触和不接触状态都有稳定的周期解。假设其解的形式为

$$\left\{ \begin{array}{l} X = A\cos(\Omega\tau + \varphi) \\ Y = A\sin(\Omega\tau + \varphi) \end{array} \right. \tag{1-5}$$

在定子和转子没有发生接触状态下 $\Theta = 0$, 此时将式 (1-5) 代入控制方程并求解, 可得系统响应的振动幅值和相位角分别为

$$\left\{ \begin{array}{l} A = \dfrac{\rho\Omega^2}{\sqrt{(\beta - \Omega^2)^2 + 4\xi^2\Omega^2}} \\[4mm] \tan\varphi = -\dfrac{2\xi\Omega}{\beta - \Omega^2} \end{array} \right. \tag{1-6}$$

由于定子和转子之间的间隙是有限的，所以在非接触状态下解出的振动幅值 A 必须满足 $A \leqslant 1$ 条件。即

$$\left(\rho^2 - 1\right) \Omega^4 + 2 \left(\beta - 2\xi^2\right) \Omega^2 - \beta^2 \leqslant 0 \tag{1-7}$$

式中，ρ 是一个无量纲量，是偏心距 e 与间隙 δ 比值，是一个恒大于零的量。

当 $\rho \geqslant 1$ 时，即 $e \geqslant \delta$，则 $\Delta = 4(\beta - 2\xi^2)^2 + 4\beta^2 \left(\rho^2 - 1\right) > 0$，那么

$$\frac{(2\xi^2 - \beta) - \sqrt{(\beta - 2\xi^2)^2 + \beta^2 \left(\rho^2 - 1\right)}}{\rho^2 - 1} \leqslant \Omega^2$$

且

$$\Omega^2 \leqslant \frac{(2\xi^2 - \beta) + \sqrt{(\beta - 2\xi^2)^2 + \beta^2 \left(\rho^2 - 1\right)}}{\rho^2 - 1},$$

则

$$\Omega \leqslant \sqrt{\frac{(2\xi^2 - \beta) + \sqrt{(\beta - 2\xi^2)^2 + \beta^2 \left(\rho^2 - 1\right)}}{\rho^2 - 1}}.$$

随着旋转速度的不断增加，转子系统振动幅值 A 不断增大，且当旋转速度 Ω 大于

$$\Omega_1 = \sqrt{\frac{(2\xi^2 - \beta) + \sqrt{(\beta - 2\xi^2)^2 + \beta^2 \left(\rho^2 - 1\right)}}{\rho^2 - 1}}$$

时，定子与转子发生接触，且将一直处于接触状态，不会因旋转速度的增加而发生变化。

当 $\rho < 1$ 时，即 $e < \delta$，若 $\Delta = 4(\beta - 2\xi^2)^2 + 4\beta^2 \left(\rho^2 - 1\right) \geqslant 0$，即 $\rho \geqslant \sqrt{\dfrac{4\xi^2\beta - 4\xi^4}{\beta^2}}$，此时要求旋转速度

$$\Omega^2 \leqslant \frac{(2\xi^2 - \beta) + \sqrt{(\beta - 2\xi^2)^2 + \beta^2 \left(\rho^2 - 1\right)}}{\rho^2 - 1}$$

或

$$\Omega^2 \geqslant \frac{(2\xi^2 - \beta) - \sqrt{(\beta - 2\xi^2)^2 + \beta^2 \left(\rho^2 - 1\right)}}{\rho^2 - 1}$$

则

$$\Omega \leqslant \sqrt{\frac{(2\xi^2 - \beta) + \sqrt{(\beta - 2\xi^2)^2 + \beta^2 \left(\rho^2 - 1\right)}}{\rho^2 - 1}}$$

或

$$\Omega \geqslant \sqrt{\frac{(2\xi^2 - \beta) - \sqrt{(\beta - 2\xi^2)^2 + \beta^2 \left(\rho^2 - 1\right)}}{\rho^2 - 1}}$$

随着旋转速度的不断增加，转子系统振动幅值 A 不断增大，且当旋转速度 Ω 大于

$$\Omega_\mathrm{l} = \sqrt{\frac{(2\xi^2 - \beta) + \sqrt{(\beta - 2\xi^2)^2 + \beta^2(\rho^2 - 1)}}{\rho^2 - 1}}$$

时，定子与转子发生接触；随着旋转速度的继续增加，当旋转速度 Ω 大于

$$\Omega_\mathrm{u} = \sqrt{\frac{(2\xi^2 - \beta) - \sqrt{(\beta - 2\xi^2)^2 + \beta^2(\rho^2 - 1)}}{\rho^2 - 1}}$$

时，定子与转子发生脱离，且振动幅值 A 随旋转速度的增加而减小并趋近于偏心率 ρ。

若 $\Delta = 4(\beta - 2\xi^2)^2 + 4\beta^2(\rho^2 - 1) < 0$，即 $\rho < \sqrt{\dfrac{4\xi^2\beta - 4\xi^4}{\beta^2}}$，此时碰摩将不会发生。转子系统的振动幅值 A 随着旋转速度的增加而先增大后减小，并在 $\Omega = \dfrac{\beta}{\sqrt{\beta - 2\xi^2}}$ 时取得最大值，且转子系统一直做无碰摩运动。

1.1.3   碰摩运动条件

在定子和转子发生接触状态下 $\Theta = 1$，将式 (1-5) 代入方程组 (1-4) 可得关于振动幅值 A 的方程如下式：

$$a_2 A^2 + a_1 A + a_0 = 0 \tag{1-8}$$

式中，

$$\begin{cases} a_2 = (2\xi\Omega + \mu)^2 + (1 + \beta - \Omega^2)^2 \\ a_1 = -2\left[(1 + \beta - \Omega^2) + \mu(2\xi\Omega + \mu)\right] \\ a_0 = 1 + \mu^2 - \rho^2\Omega^4 \end{cases}$$

为了找到方程 (1-8) 存在的边界条件，可通过振动幅值 A 来寻找，系统出现鞍结分岔的条件为

$$4a_0 a_2 - a_1^2 = 0 \tag{1-9}$$

将会在下面继续介绍方程 (1-9) 等效于状态方程 (1-4) ($\Theta = 1$ 时) 出现一个零根。通过求解方程 (1-9) 和方程 (1-8) 来划定幅值 A 范围，可以得出非线性方程的鞍结分岔边界。

转子系统的振动幅值 A 不仅是正实数，而且需满足 $A > 1$ 的条件来确保定子和转子处于接触的状态，进而求得接触状态的上边界 $\Omega = \Omega_1$ 和下边界 $\Omega = \Omega_2$。

1.2 周期解的稳定性分析

物理系统只有稳态解才能反映系统的响应。因此方程 (1-4) 的稳定状态的周期解的稳定性需要进一步分析讨论。设 $x_1 = X$，$x_2 = Y$，$x_3 = \dot{X}$，$x_4 = \dot{Y}$，则系统控制方程 (1-4) 可以转换为

$$
\begin{cases}
\dot{x}_1 = x_3 \\
\dot{x}_2 = x_4 \\
\dot{x}_3 = -2\xi x_3 - \beta x_1 - \Theta\left(1 - \dfrac{1}{v}\right)(x_1 - \mu x_2) + \rho\Omega^2\cos\Omega\tau \\
\dot{x}_4 = -2\xi x_4 - \beta x_2 - \Theta\left(1 - \dfrac{1}{v}\right)(\mu x_1 + x_2) + \rho\Omega^2\sin\Omega\tau
\end{cases}
\tag{1-10}
$$

设方程的状态向量为 $\bar{\boldsymbol{X}} = \left\{\begin{array}{cccc} x_1 & x_2 & x_3 & x_4 \end{array}\right\}$，则方程 (1-10) 可以写成矩阵形式：

$$
\dot{\bar{\boldsymbol{X}}} = \boldsymbol{g}\left(\bar{\boldsymbol{X}}, \tau\right) = \boldsymbol{B}\bar{\boldsymbol{X}} + \boldsymbol{F}\left(\bar{\boldsymbol{X}}, \tau\right)
\tag{1-11}
$$

式中，

$$
\boldsymbol{B} = \begin{bmatrix}
0 & 0 & 1 & 0 \\
0 & 0 & 0 & 1 \\
-\beta & 0 & -2\xi & 0 \\
0 & -\beta & 0 & -2\xi
\end{bmatrix}
$$

$$
\boldsymbol{F}\left(\bar{\boldsymbol{X}}, \tau\right) = \left\{
\begin{array}{c}
0 \\
0 \\
-\Theta\left(1 - \dfrac{1}{v}\right)(x_1 - \mu x_2) + \rho\Omega^2\cos\Omega\tau \\
-\Theta\left(1 - \dfrac{1}{v}\right)(\mu x_1 + x_2) + \rho\Omega^2\sin\Omega\tau
\end{array}
\right\}
$$

为简单起见，引入稳态周期解，形式如下：

$$
\begin{cases}
x_{10}(\tau) = X_0(\tau) = A\cos(\Omega\tau + \varphi) = A\cos\theta \\
x_{20}(\tau) = Y_0(\tau) = A\sin(\Omega\tau + \varphi) = A\sin\theta
\end{cases}
\tag{1-12}
$$

其中在接触状态和非接触状态下的振动幅值 A 可分别通过方程 (1-6) 和方程 (1-8) 求解出。

通过在解式 (1-12) 附近线性化方程 (1-11) 可得

$$
\delta\dot{\bar{\boldsymbol{X}}} = \boldsymbol{Dg}\big|_{\bar{\boldsymbol{X}}=\bar{\boldsymbol{X}}_0}\,\delta\bar{\boldsymbol{X}} = \boldsymbol{J}\delta\bar{\boldsymbol{X}}
\tag{1-13}
$$

式中，D 为一微分算子，J 为一雅可比矩阵，$\delta \bar{X}$ 为稳定周期解 $\bar{X}_0 = (x_{10} \; x_{20} \; x_{30} \; x_{40})$ 的扰动。解 $\delta \bar{X}$ 的稳定性由雅可比矩阵 J 的特征值决定，解 $\delta \bar{X}$ 的稳定性也反映着方程 (1-11) 解 $\bar{X}_0$ 的稳定性，因此，只需要分析方程 (1-13) 解的稳定性就可以决定方程 (1-10) 对应解的稳定性，同时也得出了接触和非接触状态下系统方程解的稳定性。

当 $\Theta = 0$ 时，转子和定子处于非接触状态，雅可比方程 J 恰好是矩阵 B，则其对应的特征方程为 $|B - \lambda I| = 0$，将其展开为

$$\lambda^4 + 4\xi\lambda^3 + \left(2\beta + 4\xi^2\right)\lambda^2 + 4\xi\beta\lambda + \beta^2 = 0 \tag{1-14}$$

根据 Routh-Hurwitz(劳斯–赫尔维茨) 稳定性判据，可以求得方程 (1-4) ($\Theta = 0$ 时) 非接触时解的稳定性条件为

$$\xi > 0 \tag{1-15}$$

因此，当系统的阻尼是正阻尼时，非接触状态下的解是稳定的。当振动幅值大于间隙 δ 时，定子和转子将发生碰摩，转子系统控制方程中的 $\Theta = 1$。

当 $\Theta = 1$ 时，控制方程 (1-4) 的解将是非线性周期解，其雅可比矩阵 J 为

$$J = \begin{bmatrix} 0 & 0 & 1 & 0 \\ 0 & 0 & 0 & 1 \\ \dfrac{\partial x_3}{\partial x_1} & \dfrac{\partial x_3}{\partial x_2} & -2\xi & 0 \\ \dfrac{\partial x_4}{\partial x_1} & \dfrac{\partial x_4}{\partial x_2} & 0 & -2\xi \end{bmatrix} \tag{1-16}$$

式中，

$$\frac{\partial x_3}{\partial x_1} = -1 - \beta + \frac{1}{A}\left(1 - \cos^2\theta + \mu\sin\theta\cos\theta\right)$$

$$\frac{\partial x_3}{\partial x_2} = \mu - \frac{1}{A}\left(\mu - \mu\sin^2\theta + \sin\theta\cos\theta\right)$$

$$\frac{\partial x_4}{\partial x_1} = -\mu + \frac{1}{A}\left(\mu - \mu\cos^2\theta - \sin\theta\cos\theta\right)$$

$$\frac{\partial x_4}{\partial x_2} = -1 - \beta + \frac{1}{A}\left(1 - \sin^2\theta - \mu\sin\theta\cos\theta\right)$$

可以看出雅可比矩阵是周期性的时间依赖矩阵，所以不能直接推导和分析出其解的稳定性，需进行如下变换：

$$\delta\bar{X} = T\delta U \tag{1-17}$$

式中, 转换矩阵 T 为

$$T = \begin{bmatrix} \cos\theta & -\sin\theta & 0 & 0 \\ \sin\theta & \cos\theta & 0 & 0 \\ 0 & 0 & \cos\theta & -\sin\theta \\ 0 & 0 & \sin\theta & \cos\theta \end{bmatrix}$$

将式 (1-17) 代入方程 (1-13), 得

$$\delta\dot{U} = J_c\delta U \tag{1-18}$$

式中, $J_c = T^{-1}\left(JT - \dot{T}\right)$, 经计算得

$$J_c = \begin{bmatrix} 0 & \Omega & 1 & 0 \\ -\Omega & 0 & 0 & 1 \\ -1-\beta & \mu\left(1-\dfrac{1}{A}\right) & -2\xi & \Omega \\ -\mu & -1-\beta+\dfrac{1}{A} & -\Omega & -2\xi \end{bmatrix} \tag{1-19}$$

由方程式 (1-19) 可知雅可比矩阵 J_c 和时间参数无关。δU 的解和方程 (1-11) 解的稳定性取决于矩阵 J_c 特征值实部的符号。对应的特征方程满足 $|J_c - \lambda I| = 0$, 将其展开为

$$b_4\lambda^4 + b_3\lambda^3 + b_2\lambda^2 + b_1\lambda + b_0 = 0 \tag{1-20}$$

式中,

$$\begin{cases} b_4 = 1 \\ b_3 = 4\xi \\ b_2 = 2\Omega^2 + 4\xi^2 - \dfrac{1}{A} + 2(1+\beta) \\ b_1 = 2\mu\left(2-\dfrac{1}{A}\right)\Omega - 2\xi\dfrac{1}{A} + 4\xi(1+\beta+\Omega^2) \\ b_0 = \Omega^4 + \left(4\xi^2 + \dfrac{1}{A} - 2 - 2\beta\right)\Omega^2 + \left(4\mu\xi - \dfrac{2}{A}\mu\xi\right)\Omega \\ \qquad + (1+\beta)^2 - \dfrac{1}{A}(1+\beta) + \mu^2\left(1-\dfrac{1}{A}\right) \end{cases}$$

这些系数为振动幅值 A 的函数, 所以 Routh-Hurwitz(劳斯-赫尔维茨) 稳定性判据可以用来判断方程 (1-11) 接触状态时稳态周期解的稳定性。这里不仅要确定给定条件下的稳定性, 还要确定参数空间的稳定区域。从分岔理论观点出发, 判别周期解的分岔边界是很重要和有意义的。

　　如果雅可比矩阵 $\boldsymbol{J}_c$ 有一零特征值，系统将会出现鞍结分岔，此时对应方程 (1-20) 中 $b_0 = 0$，即

$$\Omega^4 + \left(4\xi^2 + \frac{1}{A} - 2 - 2\beta\right)\Omega^2 + \left(4\mu\xi - \frac{2}{A}\mu\xi\right)\Omega$$

$$+ (1 + \beta)^2 - \frac{1}{A}(1 + \beta) + \mu^2\left(1 - \frac{1}{A}\right) = 0 \tag{1-21}$$

其等效于条件方程 (1-9)。通过消除幅值 A 的符号计算，可经同时求解方程 (1-8) 和方程 (1-21) 而得一个关于 Ω 的 12 次多项式。经求解参数方程，可得方程 (1-8) 发生鞍结分岔条件的参数空间。那些全周碰摩解的鞍结分岔点处的振动幅值 A 是大于 1 的正实数。

　　基于 Hopf 分岔理论，系统将会有一对共轭纯虚数特征值。将 $\lambda = \pm\mathrm{i}\omega_v$ 代入特征方程 (1-20) 可得

$$\begin{aligned} \omega_v^4 - b_2\omega_v^2 + b_0 &= 0 \\ -b_3\omega_v^3 + b_1\omega_v &= 0 \end{aligned} \tag{1-22}$$

(代入 $\lambda = -\mathrm{i}\omega_v$ 可得同样的结果) 消去参数 ω_v 可得

$$b_1^2 - b_1 b_2 b_3 + b_0 b_3^2 = 0 \tag{1-23}$$

其中，还需满足不等式：

$$b_1/b_3 > 0 \tag{1-24}$$

将式 (1-20) 中的参数 $b_0 \sim b_3$ 代入方程 (1-23) 并通过化简可得

$$c_2 A^2 + c_1 A + c_0 = 0 \tag{1-25}$$

式中，

$$\begin{cases} c_2 = 16\left(4\xi^2 + 4\beta\xi^2 - \mu^2\right)\left(\xi^2 + \Omega^2\right) \\ c_1 = 16\left(\mu^2 - 2\xi^2\right)\left(\xi^2 + \Omega^2\right) \\ c_0 = 4\left(\xi^2 - \mu^2\Omega^2\right) \end{cases}$$

　　联立方程 (1-9) 和方程 (1-25) 消去振动幅值 A，经求解参数方程，可得转子系统发生 Hopf 分岔的参数空间。同时全周碰摩运动解的 Hopf 分岔点处的幅值 A 是大于 1 的正实数。

1.3　转子系统动力学特性分析

　　基于上述分析可知，转子系统的振动幅值随着系统参数的变化而不断变化，其系统响应可能会出现无碰摩、局部碰摩、同频全周碰摩和反向涡动失稳等状态。系

统的响应取决于系统参数，而且不同的系统参数条件下其响应特性随转速的演化过程不同。本章主要研究阻尼比和偏心率对系统动态特性的影响，因此给定刚度 $\beta = 0.5$ 和摩擦系数 $\mu = 0.2$。下面将在 (ρ, ξ) 平面上分析系统参数偏心率和阻尼比对系统响应演化过程的影响，如图 1-2 所示。图中的曲线将 (ρ, ξ) 平面分成八个区域，分别为区域①、区域②、区域③、区域④、区域⑤、区域⑥、区域⑦和区域⑧，每一区域范围内为一种系统响应随旋转速度的演化方式。

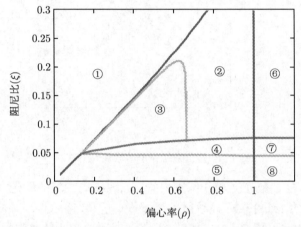

图 1-2　转子系统在 (ρ, ξ) 平面上振动响应演化规律分布图

　　转子系统响应随旋转速度的演化过程分别如图 1-3 ～图 1-10 所示。在系统参数区域①范围内，转子系统响应的演化过程如图 1-3 所示，即转子系统的振动幅值随旋转速度的增大而不断增大并在其固有频率处达到最大值，随着旋转速度的继续增大振动幅值逐渐减小并趋近于 ρ。在该参数区域的转子系统的振动幅值始终小于转子与定子之间的间隙，即系统始终做无碰摩周期运动。

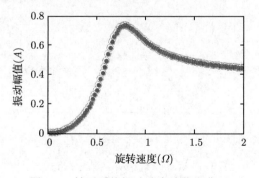

图 1-3　转子系统振动响应演化方式一

　　若转子系统的参数在区域②范围内时，系统振动响应的演化规律如图 1-4 所

示, 即在较低转速的工况下转子系统的振动幅值小于转子和定子之间的间隙, 系统做无碰摩周期运动, 系统振动幅值随着旋转速度的增大而不断增大并在 $\Omega = \Omega_1$ 时系统发生碰摩, 且系统做同频全周碰摩运动, 系统的振动幅值在接触状态下的固有频率处达到最大值, 随旋转速度继续增大系统振动幅值不断减小并在 $\Omega = \Omega_2$ 处转子定子脱离, 做无碰摩运动, 转子系统的振动幅值不断减小并趋近于 ρ。

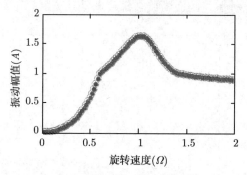

图 1-4   转子系统振动响应演化方式二

若转子系统的参数在区域③范围内时, 系统振动响应的演化规律如图 1-5 所示。在较低转速的工况下转子系统做无碰摩周期运动, 系统振动幅值随着旋转速度的增大而不断增大并在 $\Omega = \Omega_1$ 时系统发生碰摩, 此时系统做同频全周碰摩运动, 当 $\Omega = \Omega_2$ 时转子和定子脱离并发生跳跃现象 (振动幅值突变), 随着旋转速度继续增大, 系统的振动幅值逐渐减小并趋近于 ρ; 若转子系统从高旋转速进行降速, 转子系统的振动幅值随着旋转速度的减小而逐渐增大并在 $\Omega = \Omega_u$ 处转子和定子发生接触并发生跳跃现象, 随着旋转速度继续减小系统将在 $\Omega = \Omega_l = \Omega_1$ 时转子和定子脱离。

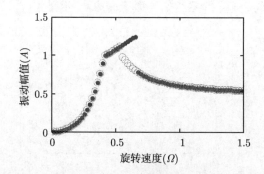

图 1-5   转子系统振动响应演化方式三

转子系统的系统参数在区域④范围内时, 系统振动响应随旋转速度变化的演化规律如图 1-6 所示。在低转速下转子系统做无碰摩周期运动, 系统振动幅值随着旋转速度的增大而增大并在 $\Omega = \Omega_1$ 时系统发生碰摩, 系统做同频全周碰摩运动, 随着旋转速度继续增大, 振动幅值不断增大并在某转速后同频全周碰摩运动失稳, 系统响应转变为局部碰摩运动, 旋转速度继续增大, 系统将在某转速后出现反向涡动失稳 (图中的空白区域)。若转子系统从高旋转速度进行降速, 系统振动幅值随着旋转速度的减小而逐渐增大并在 $\Omega = \Omega_1$ 时转子定子接触并发生反向涡动失稳。

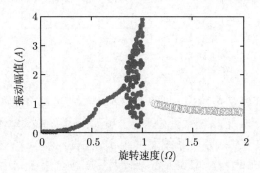

图 1-6　转子系统振动响应演化方式四

　　转子系统的系统参数在区域⑤范围内时, 系统振动响应随旋转速度变化的演化形式如图 1-7 所示。在低转速下转子系统做无碰摩周期运动, 系统振动幅值随着旋转速度的增大而增大并在 $\Omega = \Omega_1$ 时系统发生碰摩, 此时系统做局部碰摩运动, 随着旋转速度继续增大系统将在某转速后发生反向涡动失稳。若转子系统从高旋转速度进行降速, 系统振动幅值随着旋转速度减小而逐渐增大并在 $\Omega = \Omega_1$ 时转子定子接触并发生反向涡动失稳。

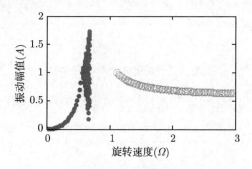

图 1-7　转子系统振动响应演化方式五

　　若系统参数在区域⑥范围内, 转子系统振动响应的演化规律将如图 1-8 所示。在较低转速的工况下转子系统做无碰摩周期运动, 系统振动幅值随着旋转速度的增大而不断增大并在 $\Omega = \Omega_1$ 时系统发生碰摩, 并做同频全周碰摩运动, 系统的振动幅值在接触状态下的固有频率处达到最大值。旋转速度继续增大, 转子系统的响应一直处于同频全周碰摩状态, 且其振动幅值不断减小并趋近于 ρ。

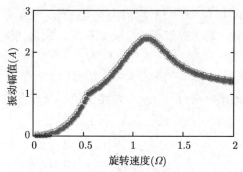

图 1-8 转子系统振动响应演化方式六

　　若系统参数在区域⑦范围内，转子系统振动响应的演化规律将如图 1-9 所示。在较低转速的工况下转子系统做无碰摩周期运动，系统振动幅值随着旋转速度的增大而不断增大并在 $\Omega = \Omega_1$ 时系统发生碰摩，并做同频全周碰摩运动。随着旋转速度继续增大，振动幅值不断增大并在某转速后同频全周碰摩运动失稳，系统响应转变为局部碰摩运动，旋转速度继续增大，系统将在某转速后出现反向涡动失稳。在任何初始条件下，高旋转速度下的转子系统均处于反向涡动失稳状态。

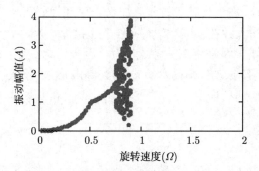

图 1-9 转子系统振动响应演化方式七

　　转子系统的参数在区域⑧范围时，系统振动响应的演化规律将如图 1-10 所

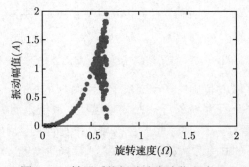

图 1-10 转子系统振动响应演化方式八

示。在较低转速的工况下转子系统做无碰摩周期运动，系统振动幅值随着旋转速度的增大而不断增大并在 $\Omega = \Omega_1$ 时系统发生碰摩，此时系统做局部碰摩运动，随着旋转速度继续增大，系统将在某转速后发生反向涡动失稳。在任何初始条件下，高旋转速度下的转子系统均处于反向涡动失稳状态。

1.4　结　　论

本章以 Jeffcott 转子系统为研究对象，对转子系统发生碰摩条件进行了讨论，对系统发生同频全周碰摩运动存在的参数条件及其稳定性进行了深入的研究。分析了阻尼比和偏心率对转子系统振动响应特性随旋转速度的演化规律的影响。基于这些分析结果，可以得出如下结论。

(1) 在较低转速状态下，转子系统均做无碰摩周期运动；在高旋转速度且偏心率 $\rho \geqslant 1$ 时，任何初始条件下转子系统最终都将做碰摩运动；当偏心率 $\rho < 1$ 时，在高转速状态下转子系统既可能做无碰摩周期运动，也可能做反向涡动失稳。

(2) 在阻尼比足够小且偏心率足够大的条件下，转子系统才有可能出现碰摩现象。且系统的阻尼比越大、偏心率越小，转子系统就越稳定。跳跃现象只有在一定的阻尼比和偏心率范围内才有可能发生，阻尼比太大或太小、偏心率过大或过小均不可能出现跳跃现象。

第2章 橡胶轴承支承下转子系统碰摩响应动力学特性研究

以橡胶轴承支承的转子系统为对象,并将其简化为非线性弹性支承的转子系统,基于现代非线性动力学和分岔理论进行分析和研究,从而确定无碰摩周期运动的边界、碰摩运动的边界及其稳定性边界。分析了摩擦系数、阻尼比、非线性刚度系数、刚度系数和偏心率等系统参数对系统动态响应特性的影响,由此得出了不同系统参数平面上,不同碰摩响应区域的边界。这些分析有助于理解系统参数和不同系统响应特性之间的关系。

转子系统被广泛地应用于工程实际中,为了提高转子系统的机械效率,转子与轴承之间的间隙被设计得越来越小,从而增大了转子系统发生碰摩的可能性。当转子与轴承之间发生碰摩时,将导致转子系统局部发热甚至严重磨损,易诱发机械的剧烈振动,严重时会出现反向涡动失稳而造成整个机械系统破坏。因此,研究转子碰摩系统的非线性动力学行为,确定系统响应特性与系统参数之间的关系,给出系统稳定性的边界条件,对转子系统的优化设计和故障诊断都具有重要意义。

对转子系统碰摩的研究,已有大量的研究成果。尤其是自20世纪80年代以来,许多学者从试验、数值模拟和理论分析等方面,对转子系统的碰摩响应特性展开了广泛深入的研究,如同频全周碰摩运动[73,98]、"跳跃"现象[133]、准周期的局部碰摩运动[134]以及分岔和混沌行为[135-140]。文献[141]~[143]中应用的模型和本章很相似,但是其接触力为线性模型且没有深入讨论偏心率对系统动态特性的影响,也没有解释和阐明跳跃现象产生的条件;文献[45]也应用了两自由度的转子系统模型,但是其定子具有耦合刚度,且其接触力也为线性模型。

到目前为止,大部分关于转子碰摩系统的研究,是将轴承简化为无质量的线性弹簧,这种简化并不能充分反映橡胶轴承的动态特性。在国内外船舶和深井泵等设备中大量使用了橡胶轴承,在使用过程中常常出现橡胶层磨损较为严重的问题,时常还会出现异常振动噪声。这些现象均与橡胶轴承以及转子系统的静态特性和动态特性密切相关。目前,关于橡胶轴承支承的转子系统研究还很少,对转子碰摩系统的非线性动力学特性的认识还不深刻。本章将以橡胶轴承支承的转子系统为研究对象,将橡胶轴承简化为无质量的非线性弹簧,研究转子碰摩系统的非线性动力学响应特性,分析转子系统发生碰摩、鞍结分岔和Hopf分岔的边界条件,并讨论系统参数对系统响应特性及稳定性的影响。

2.1 转子系统的模型与运动控制方程

2.1.1 转子系统模型

转子–橡胶轴承系统的示意图如图 2-1 所示，其中橡胶轴承由轴承衬套和橡胶衬套两部分组成，转子和橡胶轴承是间隙配合。

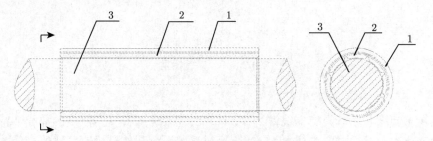

图 2-1 转子–橡胶轴承系统示意图

1. 轴承衬套；2. 橡胶衬套；3. 转子

将其简化成单盘转子系统，如图 2-2 所示，转子被简化为一个中间质量为 m 的转盘支承在无质量刚度为 k，阻尼为 c 的刚性轴上，转子和轴承之间的间隙为 δ，转子的质心与其几何中心的距离即偏心距为 e，橡胶轴承被简化为无质量的非线性弹簧。图中，O_1 为轴承形心位置，O_2 为转子形心位置，O_3 为转子质心位置，并建立以轴承形心为原点的 xO_1y 固定坐标系。当转子和轴承发生碰摩时，如图 2-2(b) 所示，F_n 为碰摩正压力，F_τ 为切向摩擦力。在运转的过程中，转子的形心位移为 $u = \sqrt{x^2 + y^2}$，当 $u > \delta$ 时，碰摩将会发生，且接触角 $\varphi = \arctan \dfrac{y}{x}$。

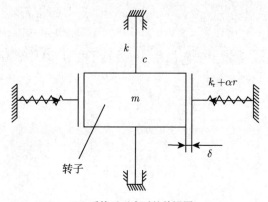

(a) 系统无碰摩时的前视图

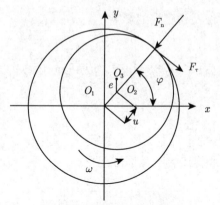

(b) 系统发生碰摩时的俯视图

图 2-2　转子系统模型

2.1.2　转子系统控制方程

考虑到橡胶轴承具有非线性特征，计算时需要计入其支承刚度的非线性特性。橡胶轴承由超弹性材料构成，目前尚无通过试验而测得的准确刚度曲线。因此，其载荷-变形非线性关系参照《前联邦德国国防军舰艇建造规范》(BV 043—1985)，并按下式进行估算：

$$F = k_r r_u(1 + 100r_u) = k_r r_u + \alpha r_u^2 \tag{2-1}$$

式中，F 为载荷；r_u 为变形量；k_r 为轴承线性刚度值。因此，橡胶轴承内环面与转子间的接触刚度为 $k_r + \alpha r_u$。

则转子和轴承之间的摩擦力和接触力为

$$\begin{cases} F_n = k_r(u - \delta) + \alpha(u - \delta)^2 \\ F_\tau = \mu F_n \end{cases} \quad (u > \delta) \\ \begin{cases} F_n = 0 \\ F_\tau = 0 \end{cases} \quad (u \leqslant \delta) \tag{2-2}$$

式中，$u = \sqrt{x^2 + y^2}$，为转子径向位移；μ 为转子与轴承间摩擦系数。将摩擦力和接触力分解到笛卡儿坐标系中为

$$\begin{Bmatrix} F_x \\ F_y \end{Bmatrix} = \begin{bmatrix} -\cos\varphi & \sin\varphi \\ -\sin\varphi & -\cos\varphi \end{bmatrix} \begin{Bmatrix} F_n \\ F_\tau \end{Bmatrix}$$

$$= -\Theta \frac{k_r(u - \delta) + \alpha(u - \delta)^2}{u} \begin{bmatrix} 1 & -\mu \\ \mu & 1 \end{bmatrix} \begin{Bmatrix} x \\ y \end{Bmatrix} \tag{2-3}$$

通过对转子碰摩系统进行受力分析，并根据质心运动定理，可以得到橡胶轴承

支承的转子系统动力学微分方程式为

$$
\begin{cases}
m\ddot{x} + c\dot{x} + kx + \Theta \dfrac{k_{\mathrm{r}}\,(u-\delta) + \alpha\,(u-\delta)^2}{u}\,(x - \mu y) = me\omega^2 \cos\omega t \\[4mm]
m\ddot{y} + c\dot{y} + ky + \Theta \dfrac{k_{\mathrm{r}}\,(u-\delta) + \alpha\,(u-\delta)^2}{u}\,(\mu x + y) = me\omega^2 \sin\omega t
\end{cases}
\tag{2-4}
$$

式中，x 为转子轴心 X 方向的位移；y 为转子轴心 Y 方向的位移；$\dot{x} = \mathrm{d}x/\mathrm{d}t$ 为转子轴心 X 方向的速度；$\dot{y} = \mathrm{d}y/\mathrm{d}t$ 为转子轴心 Y 方向的速度；Θ 为 Heaviside 函数，即

$$
\Theta = \begin{cases}
1 & \sqrt{x^2 + y^2} > \delta \\[2mm]
0 & \sqrt{x^2 + y^2} \leqslant \delta
\end{cases}
$$

为方便研究，将橡胶轴承支承的转子系统动力学微分方程无量纲化为

$$
\begin{cases}
\ddot{X} + 2\xi\dot{X} + \beta X + \Theta\left[1 - 2g + gv + \dfrac{g-1}{v}\right](X - \mu Y) = \rho\Omega^2 \cos\Omega\tau \\[4mm]
\ddot{Y} + 2\xi\dot{Y} + \beta Y + \Theta\left[1 - 2g + gv + \dfrac{g-1}{v}\right](\mu X + Y) = \rho\Omega^2 \sin\Omega\tau
\end{cases}
\tag{2-5}
$$

式中，$\tau = \omega_0 t$；$\Omega = \dfrac{\omega}{\omega_0}$；$X = \dfrac{x}{\delta}$；$Y = \dfrac{y}{\delta}$；$\dot{X} = \dfrac{\mathrm{d}X}{\mathrm{d}\tau}$；$\omega_0 = \sqrt{\dfrac{k_{\mathrm{r}}}{m}}$；$\rho = \dfrac{e}{\delta}$；$v = \dfrac{u}{\delta}$；$\xi = \dfrac{c}{2\sqrt{mk}}$；$\beta = \dfrac{k}{k_{\mathrm{r}}}$；$g = \dfrac{\alpha\delta}{k_{\mathrm{r}}}$。

2.1.3 转子系统稳态解

在转子旋转的过程中，转子和轴承接触和不接触状态都会有稳定的周期解。假设其解的形式为

$$
\begin{cases}
X = A\cos(\Omega\tau + \varphi) \\[2mm]
Y = A\sin(\Omega\tau + \varphi)
\end{cases}
\tag{2-6}
$$

在轴承和转子没有发生接触状态下 $\Theta = 0$，此时将式 (2-6) 代入控制方程 (2-5) 并求解，可得系统响应幅值和相位角分别为

$$
\begin{cases}
A = \dfrac{\rho\Omega^2}{\sqrt{(\beta - \Omega^2)^2 + 4\xi^2\Omega^2}} \\[4mm]
\tan\varphi = -\dfrac{2\xi\Omega}{\beta - \Omega^2}
\end{cases}
\tag{2-7}
$$

由于轴承和转子之间的间隙是有限的，所以在非接触状态下解出的响应幅值 A 必须满足 $A \leqslant 1$ 条件。即

$$
(\rho^2 - 1)\,\Omega^4 + 2\,(\beta - 2\xi^2)\,\Omega^2 - \beta^2 \leqslant 0
\tag{2-8}
$$

通过求解方程 (2-8) 可得两个实根为 Ω_l 和 Ω_u，且记它们分别为转子系统开始发生碰摩的低转速和高转速，则当运转速度 $\Omega < \Omega_l$ 或是 $\Omega > \Omega_u$ 时，碰摩将不会发生，转子系统做无碰摩周期运动。

在轴承和转子发生接触状态下，即 $\Theta = 1$，将式 (2-6) 代入控制方程组 (2-5) 可得关于振动幅值 A 的方程，如下式：

$$a_4 A^4 + a_3 A^3 + a_2 A^2 + a_1 A + a_0 = 0 \tag{2-9}$$

式中，

$$\begin{cases} a_4 = g^2 + g^2\mu^2 \\ a_3 = 2g\left[\left(1 - 2g + \beta - \Omega^2\right) + \mu\left(2\xi\Omega + \mu - 2g\mu\right)\right] \\ a_2 = \left(1 - 2g + \beta - \Omega^2\right)^2 + \left(2\xi\Omega + \mu - 2g\mu\right)^2 + 2g\left(g - 1\right)\left(1 + \mu^2\right) \\ a_1 = 2\left(g - 1\right)\left[\left(1 - 2g + \beta - \Omega^2\right) + \mu\left(2\xi\Omega + \mu - 2g\mu\right)\right] \\ a_0 = \left(g - 1\right)^2\left(1 + \mu^2\right) - \rho^2\Omega^4 \end{cases}$$

一元四次方程最多只会有两个互异的正实数根，复数和负数实根都是没有实际意义的。在系统状态方程 (2-5) 的 $\Theta = 1$ 条件下，当方程有二重正实根时，为系统鞍结分岔的边界条件。为保证轴承和转子处于接触的状态，幅值 A 不仅需满足是正实数的条件，且需满足幅值 $A > 1$。在此限制条件下，方程 (2-9) 大于 1 的正实根随旋转速度变化时，将会有上限 SN_l 和 SN_u，即当运转速度 $SN_l < \Omega < SN_u$ 时，方程 (2-9) 正实根才满足 $A > 1$。

2.2　周期解的稳定性分析

下面讨论转子系统控制方程周期解的稳定性。设 $x_1 = X$，$x_2 = Y$，$x_3 = \dot{X}$，$x_4 = \dot{Y}$，则系统控制方程 (2-5) 可以写成：

$$\begin{cases} \dot{x}_1 = x_3 \\ \dot{x}_2 = x_4 \\ \dot{x}_3 = -2\xi x_3 - \beta x_1 - \Theta\left(1 - 2g + gv + \dfrac{g - 1}{v}\right)\left(x_1 - \mu x_2\right) + \rho\Omega^2\cos\Omega\tau \\ \dot{x}_4 = -2\xi x_4 - \beta x_2 - \Theta\left(1 - 2g + gv + \dfrac{g - 1}{v}\right)\left(\mu x_1 + x_2\right) + \rho\Omega^2\sin\Omega\tau \end{cases} \tag{2-10}$$

设方程的状态向量为 $\bar{X} = \left\{\begin{array}{cccc} x_1 & x_2 & x_3 & x_4 \end{array}\right\}$，则方程 (2-10) 可以写成矩阵形式：

$$\dot{\bar{X}} = \boldsymbol{\Psi}\left(\bar{\boldsymbol{X}}, \tau\right) = \boldsymbol{B}\bar{\boldsymbol{X}} + \boldsymbol{F}\left(\bar{\boldsymbol{X}}, \tau\right) \tag{2-11}$$

式中,

$$
\boldsymbol{B} = \begin{bmatrix} 0 & 0 & 1 & 0 \\ 0 & 0 & 0 & 1 \\ -\beta & 0 & -2\xi & 0 \\ 0 & -\beta & 0 & -2\xi \end{bmatrix}
$$

$$
\boldsymbol{F}\left(\bar{\boldsymbol{X}}, \tau\right) = \begin{bmatrix} 0 \\ 0 \\ -\Theta\left(1 - 2g + gv + \dfrac{g-1}{v}\right)(x_1 - \mu x_2) + \rho\Omega^2\cos\Omega\tau \\ -\Theta\left(1 - 2g + gv + \dfrac{g-1}{v}\right)(\mu x_1 + x_2) + \rho\Omega^2\sin\Omega\tau \end{bmatrix}
$$

为简单起见,引入稳态周期解,形式如下:

$$
\begin{cases} x_{10}\left(\tau\right) = X_0\left(\tau\right) = A\cos(\Omega\tau + \varphi) = A\cos\theta \\ x_{20}\left(\tau\right) = Y_0\left(\tau\right) = A\sin(\Omega\tau + \varphi) = A\sin\theta \end{cases} \tag{2-12}
$$

其中幅值 A 可以从非接触状态下方程 (2-7) 和接触状态下方程 (2-9) 中求得。

通过在解式 (2-12) 附近线性化方程 (2-11) 可得

$$
\delta\dot{\bar{\boldsymbol{X}}} = \boldsymbol{D}\boldsymbol{\Psi}|_{\bar{\boldsymbol{X}} = \bar{\boldsymbol{X}}_0}\,\delta\bar{\boldsymbol{X}} = \boldsymbol{J}\delta\bar{\boldsymbol{X}} \tag{2-13}
$$

式中,$\boldsymbol{D}$ 为一微分算子;$\boldsymbol{J}$ 为一雅可比矩阵;$\delta\bar{\boldsymbol{X}}$ 为稳态周期解 $\bar{\boldsymbol{X}}_0 = (x_{10}\ x_{20}\ x_{30}\ x_{40})$ 的小扰动。解 $\delta\bar{\boldsymbol{X}}$ 的稳定性由雅可比矩阵 $\boldsymbol{J}$ 的特征值决定,解 $\delta\bar{\boldsymbol{X}}$ 的稳定性也反映着方程 (2-11) 解 $\bar{\boldsymbol{X}}_0$ 的稳定性,因此,只需要分析方程 (2-13) 解的稳定性就可以决定方程 (2-10) 对应解的稳定性,同时也得出了非接触和接触状态下方程解的稳定性及整个系统方程的稳定性。

当 $\Theta = 0$ 时,转子和轴承处于非接触状态,雅可比方程 $\boldsymbol{J}$ 恰好是矩阵 $\boldsymbol{B}$,则其对应的特征方程为 $|\boldsymbol{B} - \lambda\boldsymbol{I}| = 0$,将其展开为

$$
\lambda^4 + 4\xi\lambda^3 + \left(2\beta + 4\xi^2\right)\lambda^2 + 4\xi\beta\lambda + \beta^2 = 0 \tag{2-14}
$$

根据 Routh-Hurwitz(劳斯–赫尔维茨) 稳定性判据,可知方程 (2-5)($\Theta = 0$ 时) 非接触状态下解的稳定性条件为

$$
\xi > 0 \tag{2-15}
$$

由上式可知,当转子系统的阻尼是正阻尼时,其对应的周期解是稳定的。

当转子系统振动的幅值大于间隙 δ 时,轴承和转子将发生碰摩。若轴承与转子间发生碰摩时,即转子系统的控制方程中 $\Theta = 1$,系统控制方程 (2-5) 的解将会是非线性周期解,其雅可比矩阵 $\boldsymbol{J}$ 可表达为

$$J = \begin{bmatrix} 0 & 0 & 1 & 0 \\ 0 & 0 & 0 & 1 \\ \dfrac{\partial x_3}{\partial x_1} & \dfrac{\partial x_3}{\partial x_2} & -2\xi & 0 \\ \dfrac{\partial x_4}{\partial x_1} & \dfrac{\partial x_4}{\partial x_2} & 0 & -2\xi \end{bmatrix} \tag{2-16}$$

式中,

$$\frac{\partial x_3}{\partial x_1} = -\beta + 2g - 1 - gA\left(1 + \cos^2\theta - \mu\sin\theta\cos\theta\right) - \frac{g-1}{A}\left(1 - \cos^2\theta + \mu\sin\theta\cos\theta\right)$$

$$\frac{\partial x_3}{\partial x_2} = (1 - 2g)\mu + gA\left(\mu + \mu\sin^2\theta - \sin\theta\cos\theta\right) + \frac{g-1}{A}\left(\mu - \mu\sin^2\theta + \sin\theta\cos\theta\right)$$

$$\frac{\partial x_4}{\partial x_1} = (2g - 1)\mu - gA\left(\mu + \mu\cos^2\theta + \sin\theta\cos\theta\right) - \frac{g-1}{A}\left(\mu - \mu\cos^2\theta - \sin\theta\cos\theta\right)$$

$$\frac{\partial x_4}{\partial x_2} = -\beta + 2g - 1 - gA\left(1 + \sin^2\theta + \mu\sin\theta\cos\theta\right) - \frac{g-1}{A}\left(1 - \sin^2\theta - \mu\sin\theta\cos\theta\right)$$

由式 (2-16) 可知,雅可比矩阵 J 是和时间相关的周期函数矩阵,则转子系统的运动控制方程 (2-5) 为非自治系统,因此不能直接推导和分析出其解的稳定性,为此需要引入非奇异线性变换:

$$\delta\bar{X} = T\delta U \tag{2-17}$$

式中,转换矩阵 T 为

$$T = \begin{bmatrix} \cos\theta & -\sin\theta & 0 & 0 \\ \sin\theta & \cos\theta & 0 & 0 \\ 0 & 0 & \cos\theta & -\sin\theta \\ 0 & 0 & \sin\theta & \cos\theta \end{bmatrix}$$

将式 (2-17) 代入方程 (2-13),得

$$\delta\dot{U} = J_c\delta U \tag{2-18}$$

式中,$J_c = T^{-1}\left(JT - \dot{T}\right)$,经计算得

$$J_c = \begin{bmatrix} 0 & \Omega & 1 & 0 \\ -\Omega & 0 & 0 & 1 \\ -\beta + 2g - 1 - 2gA & \mu\left(1 - 2g + gA + \dfrac{g-1}{A}\right) & -2\xi & \Omega \\ -\mu(1 - 2g + 2gA) & -\beta + 2g - 1 - gA - \dfrac{g-1}{A} & -\Omega & -2\xi \end{bmatrix} \tag{2-19}$$

从方程式 (2-19) 可以看出雅可比矩阵 $\boldsymbol{J}_{\mathrm{c}}$ 和时间参数无关。$\delta\boldsymbol{U}$ 的解和方程 (2-11) 解的稳定性取决于矩阵 $\boldsymbol{J}_{\mathrm{c}}$ 特征值实部的符号。矩阵 $\boldsymbol{J}_{\mathrm{c}}$ 对应的特征方程满足 $|\boldsymbol{J}_{\mathrm{c}} - \lambda\boldsymbol{I}| = 0$，利用分块矩阵的 Laplace 展开式，得其特征方程为

$$b_4\lambda^4 + b_3\lambda^3 + b_2\lambda^2 + b_1\lambda + b_0 = 0 \tag{2-20}$$

式中，

$$
\begin{cases}
b_4 = 1 \\
b_3 = 4\xi \\
b_2 = 2\Omega^2 + 4\xi^2 - \dfrac{1-g}{A} + 2(1+\beta) - 4g + 3Ag \\
b_1 = 2\mu\left(2 - \dfrac{1-g}{A} - 4g + 3Ag\right)\Omega - 2\xi\dfrac{1-g}{A} + 4\xi\left(1 - 2g + \beta + \Omega^2 + \dfrac{3}{2}Ag\right) \\
b_0 = \Omega^4 + \left(4\xi^2 + \dfrac{1-g}{A} - 2 - 2\beta + 4g - 3Ag\right)\Omega^2 \\
\qquad + \left(4\mu\xi - \dfrac{1-g}{A}2\mu\xi - 8\mu\xi g + 6A\mu\xi g\right)\Omega \\
\qquad + (1 + \beta - 2g + 2gA)\left(1 + \beta - 2g + gA + \dfrac{g-1}{A}\right) \\
\qquad + \mu^2\left(1 - 2g + gA + \dfrac{g-1}{A}\right)(1 - 2g + 2gA)
\end{cases}
$$

这些系数均为幅值 A 的函数，所以 Routh- Hurwitz(劳斯–赫尔维茨) 稳定性判据可以用来判断系统状态方程 (2-11) 的非线性稳态周期解的稳定性。

基于分岔理论，下面将会分析周期解的分岔边界，给出参数空间的稳定区域。如果雅可比矩阵 $\boldsymbol{J}_{\mathrm{c}}$ 有一零特征值，系统将会出现鞍结分岔，此时对应方程 (2-20) 中 $b_0 = 0$，即

$$
\begin{aligned}
&\Omega^4 + \left(4\xi^2 + \frac{1-g}{A} - 2 - 2\beta + 4g - 3Ag\right)\Omega^2 \\
&+ \left(4\mu\xi - \frac{1-g}{A}2\mu\xi - 8\mu\xi g + 6A\mu\xi g\right)\Omega \\
&+ (1 + \beta - 2g + 2gA)\left(1 + \beta - 2g + gA + \frac{g-1}{A}\right) \\
&+ \mu^2\left(1 - 2g + gA + \frac{g-1}{A}\right)(1 - 2g + 2gA) = 0
\end{aligned}
\tag{2-21}
$$

通过消除幅值 A 的符号计算，可经同时求解方程 (2-9) 和方程 (2-21) 而得一个关于 Ω 的 12 次多项式。经求解参数方程，可得方程 (2-9) 发生鞍结分岔条件的参数空间。那些全周碰摩解的鞍结分岔点处的幅值 A 是大于 1 的正实数。

根据 Hopf 分岔理论，当特征值为一对共轭纯虚数时，系统的解将会出现 Hopf 分岔。将 $\lambda = +\mathrm{i}\omega_v$ 代入特征方程 (2-20) 可得

$$\omega_v^4 - b_2\omega_v^2 + b_0 = 0$$
$$-b_3\omega_v^3 + b_1\omega_v = 0 \tag{2-22}$$

(代入 $\lambda = -\mathrm{i}\omega_v$ 可得同样的结果) 消去参数 ω_v 可得

$$b_1^2 - b_1b_2b_3 + b_0b_3^2 = 0 \tag{2-23}$$

其中，还需满足不等式：

$$b_1/b_3 > 0 \tag{2-24}$$

由方程 (2-9) 和方程 (2-23) 来消去幅值 A，经求解参数方程，可得系统发生 Hopf 分岔的边界线 HF。其中同频全周碰摩解的 Hopf 分岔点处的幅值 A 是大于 1 的正实数。

2.3　系统参数对转子响应的影响

在上一节中，已经分析了转子系统周期解的稳定性，基于此，将讨论系统参数对转子系统响应特性及稳定性的影响。影响转子系统响应特性和分岔的因素有很多，其中以旋转速度 Ω、摩擦系数 μ、阻尼比 ξ、非线性刚度系数 g、刚度系数 β 和偏心率 ρ 等系统参数的影响为主，本节将主要讨论以上 6 个系统参数对转子碰摩系统的动态响应特性及稳态周期解稳定性的影响。

从方程 (2-15) 可知，在无碰摩状态下，转子系统的周期解总是稳定的。但是转子与轴承间的间隙是有限的，因此这种周期解不可能在任意系统参数下一直存在。从方程 (2-8) 及其后面的分析中可知，当转子系统的激振频率分别从高转速和低转速趋向系统固有频率时，系统振动幅值 A 会在 $\Omega = \Omega_1$ 和 $\Omega = \Omega_u$ 处趋近于 1，即发生碰摩。当橡胶轴承支承的转子系统处于接触状态下，当激振频率分别向低转速和高转速变化时，系统振动幅值 A 会在 $\Omega = SN_1$ 和 $\Omega = SN_u$ 处趋近于 1，即趋向无碰摩运动。根据方程 (2-9) 和不等式 $A > 1$ 可知，碰摩状态存在于转速 SN_1 和 SN_u 之间，SN_1 和 Ω_1 基本相等，SN_u 和 Ω_u 可能相等也可能不等，这取决于系统参数。当两者不相等时，在旋转速度发生变化或是受到外载荷作用的情况下，转子系统的振动幅值会出现跳跃现象。当碰摩发生时，系统稳定周期解的参数边界，可通过联合方程 (2-9) 和方程 (2-23) 求解得到 Hopf 分岔边界，在系统参数空间上被标识为 HF。如图 2-3～ 图 2-7 所示，曲线 $\Omega = \Omega_1$、$\Omega = \Omega_u$、$\Omega = SN_1$、$\Omega = SN_u$ 和 Hopf 分岔边界 HF 在 (Ω, μ) 平面上绘制出来，则 (Ω, μ) 平面将被分隔成若干

区域，不同区域代表系统处于不同的运动状态，它们包括：(A) 和 (B) 区域为无碰摩周期运动；(C) 区域为同频全周碰摩运动；(D) 区域为局部碰摩运动或是反向涡动失稳运动；(E) 区域为无碰摩周期运动和同频全周碰摩运动共存区域，即处于接触状态条件下，系统做同频全周碰摩运动，而处于非接触状态条件下，系统做无碰摩周期运动，且系统会因受到外载荷作用发生跳跃现象而实现两种运动状态的转换；(F) 区域为无碰摩周期运动、局部碰摩运动或反向涡动失稳运动共存区域，即处于接触状态条件下，系统做局部碰摩运动或反向涡动失稳运动，而处于非接触状态条件下，系统做无碰摩周期运动，系统也会因受到外载荷作用发生跳跃现象而实现两种运动状态的转换。下面将对不同参数条件下，系统运动状态的演化过程进行分析和讨论。

2.3.1 摩擦系数的影响

当碰摩发生时，摩擦系数对转子系统运动特性起着非常重要的作用，因此，很有必要研究摩擦系数对转子系统动态响应特性的影响。图 2-3~ 图 2-7 分别为不同旋转频率 Ω、阻尼比 ξ、非线性刚度系数 g、刚度系数 β 和偏心率 ρ 等系统参数组合下，转子系统在摩擦系数 μ 和旋转速度 Ω 参数平面上的响应特性。在图 2-3 中，转子系统参数为 $\xi = 0.05$，$\beta = 0.5$，$g = 0.01$，$\rho = 0.8$；在图 2-4 中，转子系统参数为 $\xi = 0.1$，$\beta = 0.5$，$g = 0.01$，$\rho = 0.8$；在图 2-5 中，转子系统参数为 $\xi = 0.05$，$\beta = 0.1$，$g = 0.01$，$\rho = 0.8$；在图 2-6 中，转子系统参数为 $\xi = 0.05$，$\beta = 0.1$，$g = 0.1$，$\rho = 0.8$；在图 2-7 中，转子系统参数为 $\xi = 0.05$，$\beta = 0.1$，$g = 0.01$，$\rho = 0.5$。

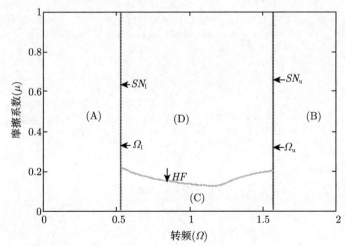

图 2-3 转子–轴承系统在 (Ω, μ) 平面上的响应特性图 ($\rho = 0.8$，$\xi = 0.05$ 和 $\beta = 0.5$)

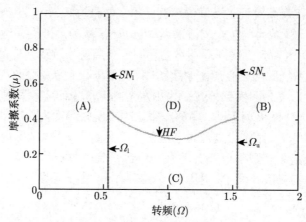

图 2-4　转子–轴承系统在 (Ω, μ) 平面上的响应特性图 $(\rho = 0.8,\ \xi = 0.1\ 和\ \beta = 0.5)$

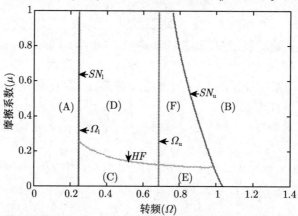

图 2-5　转子–轴承系统在 (Ω, μ) 平面上的响应特性图 $(\rho = 0.8,\ \xi = 0.05\ 和\ \beta = 0.1)$

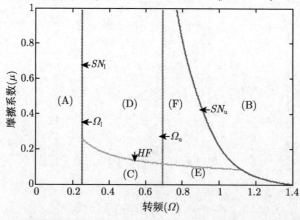

图 2-6　转子–轴承系统在 (Ω, μ) 平面上的响应特性图 $(\rho = 0.8,\ \xi = 0.05,\ g = 0.1\ 和$

$\beta = 0.1)$

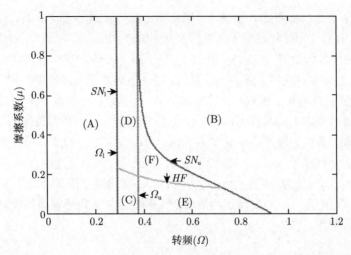

图 2-7 转子–轴承系统在 (Ω, μ) 平面上的响应特性图 ($\rho = 0.5$, $\xi = 0.05$ 和 $\beta = 0.1$)

根据状态方程周期解的稳定性，研究系统参数对系统响应特性的影响，研究结果将得到在参数空间上系统不同响应的边界。在图 2-3 中，边界 $\Omega = \Omega_l$、$\Omega = \Omega_u$、$\Omega = SN_l$、$\Omega = SN_u$ 和 Hopf 分岔边界 HF 将参数平面 (Ω, ξ) 分成四个区域，因为 SN_l 和 Ω_l 相等，SN_u 和 Ω_u 也相等，所以在这种系统参数条件下，转子系统不可能出现跳跃现象。若将阻尼比从 0.05 增加到 0.1 后，经比较图 2-3 和图 2-4 可以发现，边界 $\Omega = \Omega_l$、$\Omega = \Omega_u$、$\Omega = SN_l$ 和 $\Omega = SN_u$ 均向中间方向靠拢，Hopf 分岔边界 HF 向较大的摩擦系数方向移动。因此，转子系统的非稳定响应区域 (D) 范围将缩小。

在图 2-5 中，给出了当刚度系数 β 从 0.5 减小到 0.1 时，参数平面 (Ω, ξ) 内发生的变化。经比较图 2-3 和图 2-5 可以发现，边界 $\Omega = \Omega_l$、$\Omega = \Omega_u$、$\Omega = SN_l$ 和 $\Omega = SN_u$ 均向较高的旋转速度方向移动，发生碰摩的上下限之间跨度变大，且边界 SN_u 和 Ω_u 不再相等，因此出现了区域 (E) 和区域 (F)。在此类系统参数条件下，当旋转速度在区间 (Ω_u, SN_u) 上时，转子系统的响应可能是无碰摩周期运动，也可能是同频全周碰摩运动或是非稳定碰摩运动。且当旋转速度发生变化或是受到外载荷作用时，系统将会出现跳跃现象，即两种运动状态相互转变并伴随振动幅值发生突变。

通过比较图 2-5 和图 2-6 可以发现，随着非线性刚度系数 g 的增加，转子系统的响应特性在 (Ω, μ) 平面内发生了一些变化，边界 $\Omega = SN_u$ 向较高旋转速度方向移动，Hopf 分岔边界 HF 向下移动，但是响应特性的边界 $\Omega = \Omega_l$、$\Omega = SN_l$ 和 $\Omega = \Omega_u$ 此时却没有发生变化，因此边界 Ω_u 和 SN_u 之间的跨度变小，区域 (C) 范围缩小而区域 (E) 和区域 (F) 范围沿着 X 方向扩大。

通过对比图 2-5 和图 2-7 发现，当偏心率 ρ 从 0.8 减小到 0.5 时，转子系统的响应特性在 (Ω, μ) 平面内发生了显著的变化，边界 $\Omega = \Omega_l$ 和 $\Omega = SN_l$ 向较高旋转速度方向移动，而边界 $\Omega = \Omega_u$ 和 $\Omega = SN_u$ 却向较低的旋转速度方向移动，因此 Ω_l 和 Ω_u 之间差值变小，边界 Ω_u 和 SN_u 也不再总是相等。但此时 Hopf 分岔边界线 HF 无明显变化。因此，非稳定碰摩响应区域 (D) 和同频全周碰摩运动区域 (C) 因两侧边界向中间靠拢而缩小，表明系统出现全周碰摩的转速范围变小；而同频全周碰摩运动与无碰摩周期运动共存区域 (E) 在扩大。此时，转子系统的同频全周碰摩运动会存在于 $\Omega = \Omega_l$ 和 $\Omega = SN_u$ 区间内，同时无碰摩的周期运动会发生在区间 $\Omega > \Omega_u$ 上，所以在区间 Ω_u 和 SN_u 之间同频全周碰摩运动和无碰摩的周期运动都有可能存在，当旋转速度 Ω 发生变化或是受到外载荷的扰动时，系统将会发生跳跃现象。

2.3.2　阻尼比的影响

从上述的讨论中发现，系统参数阻尼比 ξ 的变化，使碰摩区域响应特性发生明显变化。因此，有必要在 (Ω, ξ) 参数平面上，进一步研究阻尼比对系统响应特性的影响。转子系统在 (Ω, ξ) 参数平面上的响应特性如图 2-8 所示。

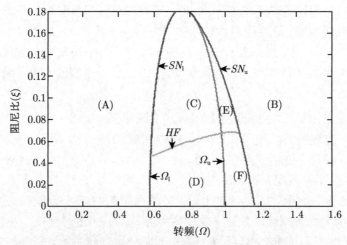

图 2-8　转子-轴承系统在 (Ω, ξ) 平面上的响应特性图 $(g = 0)$

在图 2-8 中，其他系统参数为 $\mu = 0.2$, $\beta = 0.5$, $g = 0$, $\rho = 0.8$，则可由式 (2-8) 得到 Ω_u 和 Ω_l 值，这两个数值给出了转子和轴承由无接触向接触过渡时临界转速的上、下边界。从图中可知，随着阻尼比的增加，边界 $\Omega = \Omega_l$ 增大而边界 $\Omega = \Omega_u$ 减小，从而使发生碰摩的跨距减小，即发生碰摩的转速范围变小了。同时，随阻尼比增加，边界 $\Omega = SN_l$ 增大而边界 $\Omega = SN_u$ 减小，且 Ω_u 和 SN_u 之间的区间逐渐缩小并且最终两个边界重合。因此,当转子系统的阻尼比较大时,系统可能会发生跳跃现象的转速范围较小甚至不会发生。在 $0.046 \leqslant \xi \leqslant 0.068$ 的参数范围内,随着阻尼比的增大,系统响应中开始出现 Hopf 分岔的旋转速度 Ω 逐渐增大。如果阻尼比 $\xi > 0.068$,转子系统的响应为无碰摩周期运动或是同频全周碰摩运动,而不会发生局部碰摩或是反向涡动失稳运动。但是,当阻尼比 $\xi < 0.046$ 时,转子和轴承一旦发生碰摩,转子系统的响应将是不稳定的。

2.3.3 非线性刚度系数的影响

当轴承支承刚度的非线性部分系数 g 从 0 增加到 0.2,转子系统的响应特性将发生变化。在图 2-9 中描述了非线性刚度为 0.2 时,转子系统在 (Ω, ξ) 平面上的响应特性。通过比较图 2-9 和图 2-8 可以发现,随着非线性刚度系数增加,系统响应特性发生了一些重要的变化,虽然边界 $\Omega = \Omega_l$ 和 $\Omega = \Omega_u$ 没有发生变化,但是边界 $\Omega = SN_u$ 逐渐增大,从而引起系统发生跳跃现象的转速范围逐渐扩大。在 $\Omega = 1$ 附近时,Hopf 分岔边界线 HF 向较大的阻尼比方向变动,这说明随着非线性刚度的增加,转子系统逐渐变得不稳定。因此,在较大的非线性刚度系数条件下,为了避免转子系统发生不稳定响应,则需要增加阻尼比系数。

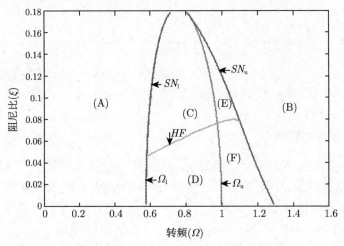

图 2-9 转子-轴承系统在 (Ω, ξ) 平面上的响应特性图 $(g = 0.2)$

从上述的讨论中可以发现,非线性刚度系数的变化对转子系统响应特性有很大的影响,因此,在 (Ω, g) 参数平面上更深入地讨论系数 g 对系统响应特性的影响是很有必要的。转子系统在 (Ω, g) 平面上的响应特性如图 2-10 所示。

在图 2-10 中,其他系统参数为 $\mu = 0.2$、$\xi = 0.08$、$\beta = 0.5$、$\rho = 0.5$,从图中可发现边界 $\Omega = \Omega_l$、$\Omega = \Omega_u$ 和 $\Omega = SN_l$ 并不会随着非线性刚度系数的变化而变化,

但是边界 $\Omega = SN_u$ 却随着非线性刚度系数的增加而逐渐增大，从而使区域 (E) 和区域 (F) 也逐渐扩大。由于 Ω_u 和 SN_u 之间的区间逐渐增大，因此当系数 g 较大时，转子系统发生跳跃现象的转速范围较大。当非线性刚度系数 $g < 0.209$ 时，转子系统的响应不会出现 Hopf 分岔和失稳现象，只会出现无碰摩周期运动、同频全周碰摩运动或是两个运动状态的跳跃转变现象。如果系数 $g \geqslant 0.209$ 时，随着非线性刚度系数的增大，系统响应开始出现 Hopf 分岔的旋转速度 Ω 逐渐减小，引起同频全周碰摩响应转速范围逐渐缩小，而非稳定碰摩运动的转速范围在逐渐增大，这说明具有较大非线性刚度系数的转子系统较不稳定。

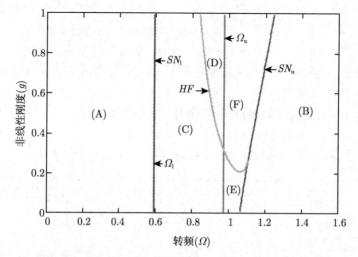

图 2-10 转子–轴承系统在 (Ω, g) 平面上的响应特性图

2.3.4 刚度系数的影响

从上述的讨论中发现，刚度系数 β 的变化将引起碰摩区域的响应特性发生很大变化且使跳跃现象出现。为了进一步深入地研究刚度系数 β 对转子系统响应的影响，本章将在旋转速度 Ω 和刚度系数 β 平面上研究刚度系数对转子系统动态响应特性的影响。系统在 (Ω, β) 平面上响应特性如图 2-11 所示。

在图 2-11 中，转子系统参数为 $\mu = 0.13$，$\xi = 0.05$，$g = 0.01$，$\rho = 0.8$，由式 (2-8) 可得到 Ω_u 和 Ω_l 值，这两个数值为系统由无碰摩运动过渡到碰摩运动时的临界转速。从图中可知，随着刚度系数的增加，边界 $\Omega = \Omega_l$、$\Omega = \Omega_u$、$\Omega = SN_l$ 和 $\Omega = SN_u$ 均增大，且 Ω_l 和 Ω_u 之间的跨度以及 SN_l 和 SN_u 之间的跨度逐渐增大，而且 Ω_u 和 SN_u 之间的差值逐渐缩小并且最终两个边界重合。因此，当刚度系数 β 较小时，转子系统发生跳跃现象的转速范围更广。在 $\beta = 0.25$ 处，无碰摩运动的上边界 Ω_u 和同频全周碰摩运动的上边界 SN_u 相交于一点。因此，当 $\beta < 0.25$

时，Ω_u 和 SN_u 不相等，在某些转速范围内变化或是受到外载荷作用条件下，系统将会发生跳跃现象。当刚度系数 $\beta < 0.59$ 时，随着刚度系数的增大，系统响应开始出现 Hopf 分岔的旋转速度 Ω 逐渐增大，说明在较大的刚度系数条件下系统更稳定。而当刚度系数 $\beta \geqslant 0.59$ 时，转子系统做无碰摩周期运动或是同频全周碰摩运动，而不会发生局部碰摩或是反向涡动失稳运动。

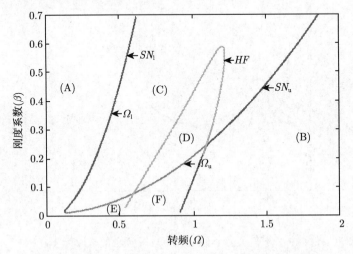

图 2-11　转子–轴承系统在 (Ω, β) 平面上的响应特性图

2.3.5　偏心率的影响

在旋转机械中，当偏心力引起的振动超过一定的限度时，就会导致系统运转出现故障，转子系统的偏心率是直接关系到系统动平衡状况和稳定性的一个重要参数。由上述讨论可知，偏心率的降低会使碰摩区域发生明显的变化并出现跳跃现象，下面将在旋转速度 Ω 和偏心率 ρ 平面上进一步研究偏心率对转子系统动态响应特性的影响。转子系统在 (Ω, ρ) 平面上的响应特性如图 2-12 所示。

在图 2-12 中，转子系统参数为 $\mu = 0.12$，$\xi = 0.05$，$\beta = 0.1$，$g = 0.01$。从图 2-12 中可知，当 $\rho \leqslant 0.31$ 时，系统的共振幅值都小于转子与轴承间的间隙，所以碰摩不会发生。当 $\rho > 0.31$ 时，碰摩才有可能发生，且随着偏心率的增加，Ω_l 逐渐减小而 Ω_u 却逐渐增大，因此 Ω_l 和 Ω_u 之间的区域增大，即发生碰摩的转速区间扩大。转子系统由接触状态向非接触状态过渡时，旋转速度的上、下边界值为 SN_u 和 SN_l。由图 2-12 可知，Ω_l 和 SN_l 总相等，在 $0.31 < \rho < 0.91$ 的范围内，Ω_u 和 SN_u 并不相等，则转子系统会因旋转速度的变化而发生跳跃现象，随着偏心率的增加，发生跳跃现象的转速区间呈现先增大而后又减小直至消失的趋势。从图 2-12 中还可看出，由于系统的 Hopf 分岔边界 HF 和边界 SN_u 在 $\rho = 0.51$ 处相交于一

点，则当 $\rho > 0.51$ 时，随着偏心率的增加，开始发生 Hopf 分岔的转速 Ω 逐渐减小，从而导致落在区域 (E) 内的转速区间不断缩小并最终消失。当 $0.31 < \rho < 0.51$ 时，系统不会出现 Hopf 分岔而失稳现象，只会出现无碰摩周期运动、同频全周碰摩运动或是两个运动状态间的跳跃转变现象。

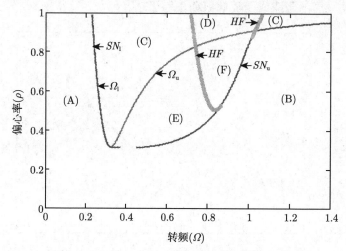

图 2-12　转子-轴承系统在 (Ω, ρ) 平面上的响应特性图

2.4　本 章 小 结

本章以橡胶轴承支承的转子系统为对象，并将橡胶轴承支承简化为非线性弹性支承，对系统发生周期无碰摩运动和同频全周碰摩运动存在的区域及其稳定性进行深入的研究，分析了旋转速度、摩擦系数、阻尼比、非线性刚度系数、刚度系数和偏心率等系统参数对转子系统的动态响应特性以及各响应区域边界的影响。基于这些分析结果，可以推出如下结论。

(1) 转子系统的 Hopf 分岔边界 HF 是转速、摩擦系数、阻尼比、非线性刚度系数、刚度系数和偏心率的函数，Hopf 分岔边界将碰摩响应区域划分为两个部分：一部分是同频全周碰摩运动区域，另一部分是局部碰摩运动和反向涡动运动区域。

(2) 摩擦系数、阻尼比、非线性刚度系数、刚度系数和偏心率都是影响转子碰摩响应特性的主要系统参数。在较大阻尼比和刚度系数情况下，转子系统主要做无碰摩周期运动和同频全周碰摩运动，有时还会出现这两种运动形式的跳跃转换。而在较大的摩擦系数、非线性刚度系数和偏心率情况下，转子系统的不稳定碰摩响应将会出现。因此，可以通过增大刚度系数、阻尼比或是减小摩擦系数、非线性刚度系数和偏心率来实现转子系统变得更稳定。

(3) 偏心率是转子系统的重要参数之一, 较小偏心率的转子系统较稳定。当偏心率很小时, 转子系统的共振峰幅值都小于间隙, 碰摩现象将不会发生。而随着偏心率的增加, 在某参数条件下碰摩将会发生。在偏心率较小的情况下, 系统做周期无碰摩运动或同频全周碰摩运动, 且会发生这两种运动状态间的跳跃转换。在偏心率较大的情况下, 系统会在某转速下发生 Hopf 分岔, 且随偏心率的增大, 发生 Hopf 分岔所需的转速逐渐降低。

(4) 跳跃现象在一定参数范围内才会发生, 即在碰摩运动转速范围和无碰摩运动转速范围重叠的情况下才会出现。通过本章的分析和讨论可以得知, 当转子系统的阻尼比和刚度系数增大或是非线性刚度系数减小时, 碰摩运动转速范围和无碰摩运动转速范围的重叠部分逐渐减小甚至不存在。而随着偏心率的增大, 碰摩运动转速范围和无碰摩运动转速范围的重叠部分是先增大后减小。

第3章　非线性摩擦力作用下转子系统振动特性研究

　　建立转子系统非线性动力学模型，该模型考虑了橡胶轴承支承的非线性和摩擦力的速度依赖性等相关因素，应用数值方法分析转子系统在非线性摩擦力作用下的振动响应特性。分析旋转速度、衰减系数、非线性刚度系数、刚度系数和偏心率等系统参数对转子系统动态响应特性的影响，这些研究结果有助于理解在碰摩力作用下转子系统动态响应特性和现象以及系统参数和系统响应之间的关系。

　　转子系统是深水泵、船舶推进系统和电机等设备中的关键部件，由于偏心力、转子和轴承之间的间隙等因素的影响，碰摩现象时常发生。碰摩不仅会引起转子-轴承系统的磨损和热效应，还有可能引发机械的剧烈振动，严重时还会出现反向涡动失稳，并引发一系列危及环境和生命的灾难性事故[143-146]。所以长期以来，国内外许多学者针对转子系统的碰摩问题，从不同角度展开广泛的研究[111,147-149]。

　　转子和轴承之间碰摩主要有全周碰摩和局部碰摩两种形式。碰摩发生时，系统一般先做同频全周碰摩运动，随着转速的增加，同频全周碰摩运动将会失稳，系统的响应将转变为局部碰摩运动。当转子系统出现局部碰摩时，在一个运动周期内转子和轴承将发生一次或是数次碰撞。由于动静部件间的接触和脱离，转子系统的横向刚度发生变化，因此局部碰摩是一类典型的非光滑非线性动力学运动，具有复杂的动态特性和现象。随着旋转速度的继续增大，有些系统会由于局部碰摩运动的不断加剧，最终导致反向全周碰摩运动的出现，此时系统响应幅值将迅速增大而使系统无法正常运转。

　　关于转子碰摩系统的研究成果中，大多是将轴承简化为无质量线性弹簧，且没有考虑转子和轴承间相对速度对系统响应的影响。橡胶轴承是由具有超弹性材料特性的橡胶构成的，将其简化成线性弹簧不能很好地反映系统的动态特性。由于库仑摩擦力模型处理简单，并能取得良好的近似效果，所以在很多仿真计算中常常采用该模型。但是，库仑摩擦力模型并不能非常贴切地描述接触构件间的摩擦行为，因此，在应用库仑摩擦力模型描述摩擦行为或是用于仿真分析系统振动特性时，结果时常不尽如人意。为了能够准确地预测系统动态响应特性，本章将采用摩擦力会随着相对滑动速度变化而变化的非线性模型来描述转子和轴承间的摩擦力特性，应用非线性动力学理论和转子动力学理论，对转子系统碰摩非线性动力学特性进行研究，为轴承系统的理论研究提供参考。

本章以橡胶轴承支承的转子系统为研究对象，建立速度依赖型非线性摩擦力作用下转子系统的非线性动力学方程组，应用数值方法进行分析研究。分别以旋转速度、衰减系数、非线性刚度、刚度系数和偏心率等系统参数作为控制变量，研究它们对转子系统非线性动力学响应特性的影响，并揭示转子系统碰摩过程中出现的混沌、分岔和跳跃等现象。

3.1 转子系统的模型与运动控制方程

3.1.1 碰摩力

相对滑动的接触表面通常用油、水等液体来润滑，且摩擦力会随着相对滑动速度变化而变化，最大静摩擦力常常大于动态或是滑动摩擦力。为了准确描述转子和轴承间的摩擦行为，本章采用已经得到广泛验证的速度依赖型指数模型，其表达式为 [86]

$$\mu\left(v_{\mathrm{rel}}, \mu_0, \mu_1, \lambda\right) = \mathrm{sgn}\left(v_{\mathrm{rel}}\right)\left[\mu_1 + \left(\mu_0 - \mu_1\right)\exp\left(-\lambda\left|v_{\mathrm{rel}}\right|\right)\right] \tag{3-1}$$

式中，μ_0 为静摩擦系数；μ_1 为库仑摩擦系数；v_{rel} 为转子和轴承之间的相对滑动速度；λ 为衰减系数；$\mathrm{sgn}(\cdot)$ 为符号函数。但是在分析系统摩擦特性过程中，在相对滑动速度方向发生改变时，该模型的非连续性会带来很多计算难题。因此，需要将方程 (3-1) 中的符号函数 $\mathrm{sgn}(\cdot)$ 用函数 $\tanh(\cdot)$ 来代替，此时摩擦力方程表达式为 [87]

$$\mu = \tanh\left(k_{\mathrm{tanh}}v_{\mathrm{rel}}\right)\left[\mu_1 + \left(\mu_0 - \mu_1\right)\exp\left(-\lambda\left|v_{\mathrm{rel}}\right|\right)\right] \tag{3-2}$$

式中，系数 k_{tanh} 决定函数 $\tanh(\cdot)$ 从 -1 附近变化到 $+1$ 附近的快慢。

由于摩擦力将引起转子系统的涡动，则转子和橡胶轴承之间的相对滑动速度 v_{rel} 如下式所示 [150]：

$$v_{\mathrm{rel}} = \frac{x\dot{y} - y\dot{x}}{\sqrt{x^2 + y^2}} + \omega r \tag{3-3}$$

式中，x 为转子轴心 X 方向的位移；y 为转子轴心 Y 方向的位移；$\dot{x} = \mathrm{d}x/\mathrm{d}t$ 为转子轴心 X 方向的速度；$\dot{y} = \mathrm{d}y/\mathrm{d}t$ 为转子轴心 Y 方向的速度；r 为转子的半径；ω 为转子的旋转角速度。

考虑到橡胶轴承非线性载荷-变形关系，其载荷和变形量之间关系如下式：

$$F = k_{\mathrm{r}}r_{\mathrm{u}} + \alpha r_{\mathrm{u}}^2 \tag{3-4}$$

式中，F 为载荷；r_{u} 为变形量；k_{r} 为轴承线性刚度值。因此，橡胶轴承内环面和转子之间的接触刚度为 $k_{\mathrm{r}} + \alpha r_{\mathrm{u}}$。

在不考虑摩擦热效应的情况下，转子和橡胶轴承发生碰摩时的接触力和摩擦力 (图 3-1) 可表达为下式：

$$\begin{cases} \begin{cases} F_{\mathrm{n}} = k_{\mathrm{r}}\left(u-\delta\right) + \alpha\left(u-\delta\right)^2 \\ F_{\tau} = \mu F_{\mathrm{n}} \end{cases} & (u > \delta) \\ \begin{cases} F_{\mathrm{n}} = 0 \\ F_{\tau} = 0 \end{cases} & (u \leqslant \delta) \end{cases} \tag{3-5}$$

式中，$u = \sqrt{x^2 + y^2}$，为转子的径向位移；μ 为转子与轴承间摩擦系数。将摩擦力和接触力分解到笛卡儿坐标系中可得

$$\begin{Bmatrix} F_x \\ F_y \end{Bmatrix} = \begin{bmatrix} -\cos\varphi & \sin\varphi \\ -\sin\varphi & -\cos\varphi \end{bmatrix} \begin{Bmatrix} F_{\mathrm{n}} \\ F_{\tau} \end{Bmatrix}$$

$$= -\Theta \frac{k_{\mathrm{r}}\left(u-\delta\right) + \alpha\left(u-\delta\right)^2}{u} \begin{bmatrix} 1 & -\mu \\ \mu & 1 \end{bmatrix} \begin{Bmatrix} x \\ y \end{Bmatrix} \tag{3-6}$$

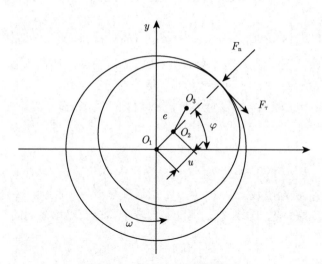

图 3-1　转子–轴承碰摩模型

3.1.2　转子系统控制方程模型

通过对转子碰摩系统进行受力分析，并根据质心运动定理，可以得到橡胶轴承支承的转子系统动力学方程组为

$$\begin{cases} m\ddot{x} + c\dot{x} + kx + \Theta \dfrac{k_{\mathrm{r}}\left(u-\delta\right) + \alpha\left(u-\delta\right)^2}{u}\left(x - \mu y\right) = me\omega^2\cos\omega t \\ m\ddot{y} + c\dot{y} + ky + \Theta \dfrac{k_{\mathrm{r}}\left(u-\delta\right) + \alpha\left(u-\delta\right)^2}{u}\left(\mu x + y\right) = me\omega^2\sin\omega t \\ \mu = \tanh(k_{\tanh}v_{\mathrm{rel}})\left[\mu_1 + (\mu_0 - \mu_1)\exp(-\lambda\left|v_{\mathrm{rel}}\right|)\right] \\ v_{\mathrm{rel}} = (x\dot{y} - y\dot{x})\big/\sqrt{x^2 + y^2} + r\omega \end{cases} \tag{3-7}$$

式中，m 为转子的质量；c 为阻尼比；k 为转子的刚度系数；e 为偏心距。此外，Θ 为 Heaviside 函数，即当 $\sqrt{x^2+y^2} > \delta$ 时，$\Theta = 1$；而如果当 $\sqrt{x^2+y^2} \leqslant \delta$ 时，$\Theta = 0$。

为方便研究，将橡胶轴承支承的转子系统动力学方程组无量纲化为

$$
\begin{cases}
\ddot{X} + 2\xi\dot{X} + \beta X + \Theta\left[\left(1 - \dfrac{1}{v}\right) + g\dfrac{(v-1)^2}{v}\right](X - \mu Y) = \rho\Omega^2\cos\Omega\tau \\[2mm]
\ddot{Y} + 2\xi\dot{Y} + \beta Y + \Theta\left[\left(1 - \dfrac{1}{v}\right) + g\dfrac{(v-1)^2}{v}\right](\mu X + Y) = \rho\Omega^2\sin\Omega\tau \\[2mm]
\mu = \tanh(K_{\text{tanh}}v_{\text{rel}})\left[\mu_1 + (\mu_0 - \mu_1)\exp(-\Lambda|v_{\text{rel}}|)\right] \\[2mm]
v_{\text{rel}} = \left(X\dot{Y} - Y\dot{X}\right)\big/\sqrt{X^2 + Y^2} + R\Omega
\end{cases}
\tag{3-8}
$$

式中，无量纲参数定义如下：$\tau = \omega_0 t$；$\Omega = \dfrac{\omega}{\omega_0}$；$X = \dfrac{x}{\delta}$；$Y = \dfrac{y}{\delta}$；$\dot{X} = \dfrac{\mathrm{d}X}{\mathrm{d}\tau}$；$\omega_0 = \sqrt{\dfrac{k_{\text{r}}}{m}}$；$\rho = \dfrac{e}{\delta}$；$v = \dfrac{u}{\delta}$；$\xi = \dfrac{c}{2\sqrt{mk}}$；$\beta = \dfrac{k}{k_{\text{r}}}$；$g = \dfrac{\alpha\delta}{k_{\text{r}}}$；$R = \dfrac{r}{\delta}$；$\Lambda = \lambda\delta\omega_0$；$K_{\text{tanh}} = k_{\text{tanh}}\delta\omega_0$。

3.2 转子系统碰摩响应的数值分析

由于转子和橡胶轴承间的接触和脱离，转子系统的横向刚度发生变化，因此转子碰摩系统是一类典型的非光滑非线性动力学系统，具有复杂的动态特性和现象。当转子和轴承发生接触时，碰摩力是转子位移和速度的非线性函数，转子碰摩系统的动力学行为具有强非线性特性，因此有必要采用现代分析方法对转子系统的非线性特性进行研究，认识转子系统的非线性动力学特性和现象。上述转子系统的无量纲非线性二阶微分方程组可转化为一阶微分方程组，形式如式 $\dot{x} = f(x)$。本节将采用定步长四阶 Runge-Kutta 法对所得到的一阶微分方程进行数值积分，求得系统在某些参数下的响应，并对分析结果进行深入的总结和讨论。为防止所求的解出现发散，本章将时间积分步长设定得很小，为 $2\pi/500$，即在一个运动周期内进行 500 次积分计算。同时，为了得到收敛的稳态解，积分时间需要足够长，本节积分计算 1000 个周期，舍去前 800 个周期而取稳定的后 200 个周期进行理论分析。

在分析转子系统的非线性动力学特性时，常需要绘制分岔图、轴心轨迹、相图、Poincaré 截面图和幅频图等，它们都是分析转子系统运动形式和稳定性的有效方法。在 $\mu_0 = 0.3$，$\mu_1 = 0.1$ 和 $R = 10$ 条件下，本节将着重讨论旋转速度 Ω、衰减系数 Λ、刚度系数 β、非线性刚度系数 g 和偏心率 ρ 等系统参数对碰摩系统非线性动力学响应特性的影响。

3.2.1　转子旋转速度的影响

在旋转机械中，旋转速度是影响转子系统动力学行为的一个重要系统参数。通过观测在升速和降速过程中系统动力学行为的变化规律，研究旋转速度对系统响应特性的影响。以旋转速度 Ω 作为控制变量，其他系统参数分别为：$\Lambda = 0.016$、$\beta = 0.1$、$g = 0.01$、$\xi = 0.075$ 和 $\rho = 0.7$，则系统的分岔图如图 3-2 所示。

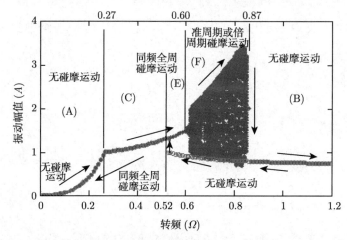

图 3-2　以旋转速度为控制变量的分岔图 ($\xi = 0.075$，$\beta = 0.1$)

从分岔图 3-2 可以发现当旋转速度 $\Omega < 0.27$ 时，转子系统的振动幅值总小于 1，这说明转子和轴承之间还没有发生碰摩，此时系统做无碰摩周期运动，该稳定的周期运动如图 3-3(a) 所示。轴心轨迹是一个稳定的椭圆且幅值小于 1；在 Poincaré 截面图中，只有一个孤立的点；在幅频图中只有一个频率成分，且为转频。当旋转速度不断增加时，系统的振动幅值也不断增大，并在旋转速度 $\Omega = 0.27$ 时开始发生碰摩。当 $0.27 \leqslant \Omega \leqslant 0.60$ 时，转子系统做同频全周碰摩运动，如图 3-3(b) 中所示。此时，轴心轨迹为一个稳定的椭圆且幅值大于 1；在 Poincaré 截面图中，只有一个孤立的点；在幅频图中只有一个转频频率成分。在该旋转速度范围内，随着旋转速度的继续增加，振动幅值继续增大。在 $0.60 < \Omega < 0.87$ 时，同频全周碰摩运动将变得不稳定，转子系统将做局部碰摩运动或是反向涡动失稳运动。如图 3-3(c) 中所示，在 $\Omega = 0.638$ 时，转子系统做 5 倍周期局部碰摩运动，此时轴心轨迹呈现多个封闭圆的形式，振动幅值时而大于 1 时而小于 1；在 Poincaré 截面图中，有 5 个孤立的点；在幅频图中有多个频率成分，其中涡动频率为转频的 7/5 倍。在 $\Omega = 0.87$ 时，转子系统从局部碰摩运动转变到无碰摩周期运动，且在 $\Omega \geqslant 0.87$ 转速范围内，振动幅值将随着旋转速度的增大而减小。如图 3-3(d) 所示，在 $\Omega = 0.9$ 时转子系统做无碰摩周期运动。

如上述分析可知，在较高转速下转子系统的响应幅值小于 1，碰摩没有发生，系统做无碰摩周期运动。当旋转速度在较高转速条件下开始降速时，系统的响应幅值将随着转速的降低而增大，在 $\Omega = 0.52$ 时，转子和橡胶轴承将会发生碰摩，并伴随跳跃现象的发生，即振动幅值突然增大。在区间 $0.27 \leqslant \Omega \leqslant 0.52$ 上，转子系统做同频全周碰摩运动，振动幅值随着旋转速度的降低而减小。当 $\Omega < 0.27$ 时，转子系统由同频全周碰摩运动又转变为无碰摩运动，随着旋转速度的继续降低，振动幅值不断减小。

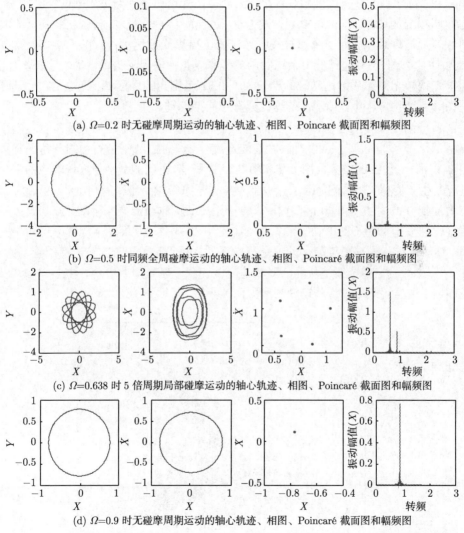

(a) $\Omega = 0.2$ 时无碰摩周期运动的轴心轨迹、相图、Poincaré 截面图和幅频图

(b) $\Omega = 0.5$ 时同频全周碰摩运动的轴心轨迹、相图、Poincaré 截面图和幅频图

(c) $\Omega = 0.638$ 时 5 倍周期局部碰摩运动的轴心轨迹、相图、Poincaré 截面图和幅频图

(d) $\Omega = 0.9$ 时无碰摩周期运动的轴心轨迹、相图、Poincaré 截面图和幅频图

图 3-3　不同转速时转子系统碰摩响应的轴心轨迹图、相图、Poincaré 截面图和幅频图

($\Lambda = 0.016$、$\beta = 0.1$、$g = 0.01$ 和 $\rho = 0.7$)

从以上的分析中可以发现，随着旋转速度的变化，转子系统的响应发生了复杂的变化，并在 $\Omega = 0.52$ 和 $\Omega = 0.87$ 处发生跳跃现象，并根据系统运动状态的不同，可将旋转速度划分为多个区域。如上一章节所述，(A) 和 (B) 区域为无碰摩周期运动；(C) 区域为同频全周碰摩运动；(D) 区域为局部碰摩运动或反向涡动失稳运动；(E) 区域为无碰摩周期运动和同频全周碰摩运动共存区域；(F) 区域为无碰摩周期运动、局部碰摩运动或反向涡动失稳运动共存区域。因此，低速 $\Omega < 0.27$ 范围为 (A) 区域，无论是在升速还是在降速演化过程中，系统均做无碰摩周期运动；$0.27 \leqslant \Omega \leqslant 0.52$ 范围为 (C) 区域，无论是在升速还是在降速演化过程中，系统均做同频全周碰摩运动；$0.52 < \Omega \leqslant 0.60$ 范围为 (E) 区域，在升速过程中系统做同频全周碰摩运动，而在降速过程中系统做无碰摩周期运动；$0.60 < \Omega < 0.87$ 范围为 (F) 区域，在升速过程中系统做局部碰摩或是反向涡动失稳运动，而在降速过程中系统做无碰摩周期运动；高转速 $\Omega \geqslant 0.87$ 范围为 (B) 区域，无论是在升速还是在降速演化过程中，转子系统均做无碰摩周期运动。

随着系统参数的变化，转子系统响应的演化形式并不总是如上述所示。当系统阻尼比减小为 $\xi = 0.072$ 时，以旋转速度 Ω 作为控制变量的系统分岔图将如图 3-4 所示。通过比较分岔图 3-2 和图 3-4 发现，阻尼比的减小使系统响应的演化过程发生了变化。在转速范围 $\Omega < 0.27$ 内，转子系统做无碰摩周期运动。当旋转速度增加到 $0.27 \leqslant \Omega \leqslant 0.49$ 区间内时，转子系统做同频全周碰摩运动，振动幅值随着旋转速度增加而不断增加。在 $0.49 < \Omega < 0.88$ 条件下，同频全周碰摩运动将失稳，转子系统将做局部碰摩运动或是反向涡动失稳运动。随着旋转速度继续增大，在 $\Omega = 0.88$ 时，转子系统从局部碰摩响应转变到无碰摩周期运动，且在 $\Omega \geqslant 0.88$ 范围内，振动幅值随着旋转速度的增大而减小。

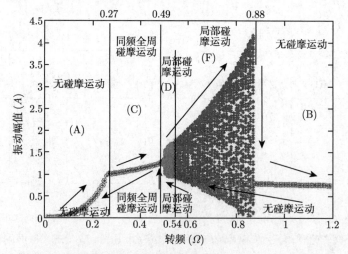

图 3-4　以旋转速度为控制变量的分岔图 ($\xi = 0.072, \beta = 0.1$)

当旋转速度在较高转速条件下降速到低转速时，起初系统的响应幅值随着转速的降低而增大，在 $\Omega = 0.54$ 时，转子和轴承发生碰摩并伴随响应突变现象的发生，即由无碰摩运动转变为局部碰摩运动，且振动幅值发生较大变化。在区间 $0.49 < \Omega < 0.54$ 内，转子系统做局部碰摩运动。随着旋转速度继续减小，系统响应逐渐趋于稳定，并在 $\Omega = 0.49$ 时，由局部碰摩运动变换为同频全周碰摩运动。在 $0.27 \leqslant \Omega \leqslant 0.49$ 区间内，转子系统做同频全周碰摩运动，振动幅值并随着旋转速度减小而不断减小。在 $\Omega = 0.27$ 时，系统由同频全周碰摩运动又转变为无碰摩运动，且随着旋转速度的继续降低振动幅值继续减小。

从以上的分析中可以发现，随着旋转速度的变化，转子系统的响应发生了复杂变化，并在 $\Omega = 0.54$ 和 $\Omega = 0.88$ 处发生跳跃现象，根据系统运动状态的不同，可将转速划分为多个区域。如上一章节所述，在 $\Omega < 0.27$ 范围内为 (A) 区域，无论是在升速还是在降速演化过程中，转子系统均做无碰摩周期运动；$0.27 \leqslant \Omega \leqslant 0.49$ 范围为 (C) 区域，无论是在升速还是在降速演化过程中，系统均做同频全周碰摩运动；$0.49 < \Omega \leqslant 0.54$ 范围为 (D) 区域，无论是在升速还是在降速演化过程中，系统均做局部碰摩运动；$0.54 < \Omega < 0.88$ 范围为 (F) 区域，在升速过程中系统做局部碰摩或是反向涡动失稳运动，而在降速过程中系统做无碰摩周期运动；高转速 $\Omega \geqslant 0.88$ 范围为 (B) 区域，无论是在升速还是在降速演化过程中，转子系统均做无碰摩周期运动。

当转子系统的阻尼比增大为 $\xi = 0.1$ 时，以旋转速度 Ω 为控制变量的系统分岔图将如图 3-5 所示。从图中可以发现，随着旋转速度的增加，在 $\Omega < 0.30$ 转速范围内，转子系统做无碰摩周期运动，响应幅值随着旋转速度增加而增大。当旋转速度增加到 $0.30 \leqslant \Omega < 0.80$ 区间内时，发生碰摩且转子系统做同频全周碰摩运动，振动幅值随着旋转速度增加是先增加而后减小，并在 $\Omega = 0.80$ 时转子系统由同频全周碰摩运动转变为无碰摩运动，在运动状态发生转变时伴随跳跃现象的发生，即振动幅值由较大值突然减小为小于 1 的某个值。在 $\Omega \geqslant 0.80$ 范围内，转子系统做无碰摩周期运动，振动幅值随着转速的升高而逐渐减小。如果将旋转速度从较高转速降速到低转速时，起初系统的响应幅值随着转速的降低而增大，且在 $\Omega = 0.47$ 时，转子和轴承发生碰摩并伴随响应突变现象的发生，即振动幅值突然增大，由无碰摩运动转变为同频全周碰摩运动。在 $0.30 < \Omega < 0.47$ 的区间上，转子系统做同频全周碰摩运动，振动幅值随着旋转速度减小而不断减小。在 $\Omega = 0.30$ 时，系统响应由同频全周碰摩运动又转变为无碰摩运动，且随着旋转速度的继续降低，振动幅值继续减小。

从以上的分析中可以发现，随着旋转速度的变化，转子系统在 $\Omega = 0.47$ 和 $\Omega = 0.80$ 处发生跳跃现象，并根据不同转速条件下系统运动状态的不同，可将转速划分为多个区域。如上一章节所述，在 $\Omega < 0.30$ 范围内为 (A) 区域，无论是在升

速还是在降速演化过程中，系统均做无碰摩周期运动；在 $0.30 \leqslant \Omega \leqslant 0.47$ 范围内为 (C) 区域，无论是在升速还是在降速演化过程中，系统均做同频全周碰摩运动；在 $0.47 < \Omega < 0.80$ 范围内为 (E) 区域，在升速过程中系统做同频全周碰摩运动，而在降速过程中系统做无碰摩周期运动；高转速 $\Omega \geqslant 0.80$ 范围为 (B) 区域，无论是在升速还是在降速演化过程中，转子系统均做无碰摩周期运动。

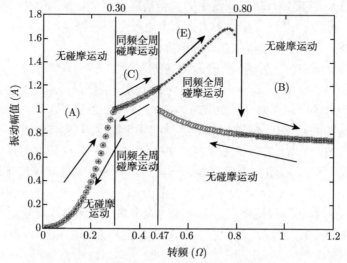

图 3-5　以旋转速度为控制变量的分岔图 ($\xi = 0.1$, $\beta = 0.1$)

　　在转子系统的阻尼比为 $\xi = 0.1$ 的条件下，将刚度系数增大为 $\beta = 0.5$ 时，通过比较分岔图 3-5 和图 3-6 发现，以旋转速度 Ω 作为控制变量的系统分岔图发生

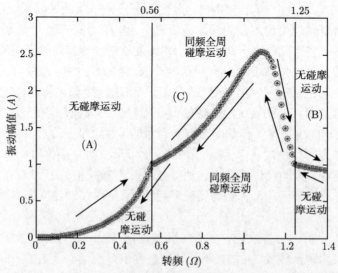

图 3-6　以旋转速度为控制变量的分岔图 ($\xi = 0.1$, $\beta = 0.5$)

了较大的变化，系统响应中不再出现跳跃现象，且升速和降速的演化过程完全一样。从图中可以发现，在 $\Omega < 0.56$ 或是 $\Omega > 1.25$ 范围内，转子系统做无碰摩周期运动，而在 $0.56 \leqslant \Omega < 1.25$ 转速范围内，系统做同频全周碰摩运动。转子系统的响应幅值随着旋转速度增加是先增大而后减小。根据不同转速条件下系统运动状态的不同，可将转速划分为多个区域。令 $\Omega < 0.56$ 范围为 (A) 区域，无论是在升速还是在降速演化过程中，在该区域内系统均做无碰摩周期运动；$0.56 \leqslant \Omega \leqslant 1.25$ 范围为 (C) 区域，无论是在升速还是在降速演化过程中，系统均做同频全周碰摩运动；$\Omega \geqslant 1.25$ 范围为 (B) 区域，无论是在升速还是在降速演化过程中，转子系统均做无碰摩周期运动。

3.2.2 衰减系数的影响

当转子系统的振动幅值大于 1 时，碰摩将会发生，摩擦状态将对转子系统的响应特性产生重要影响。因此，有必要研究摩擦力模型中的衰减系数对转子系统动态响应特性的影响。以衰减系数 Λ 作为控制变量，其他系统参数分别为：$\Omega = 0.55$、$\beta = 0.1$、$g = 0.3705$、$\xi = 0.075$ 和 $\rho = 0.8$，系统的分岔图如图 3-7 所示。从图中可知，由于控制变量衰减系数的增加，转子系统从准周期、倍周期运动转变到同频全周碰摩运动。当衰减系数 $\Lambda > 0.020\,18$ 时，转子系统做同频全周碰摩运动，而当衰减系数 $\Lambda \leqslant 0.020\,18$ 时，转子系统的同频全周碰摩响应将失稳而转变为局部碰摩运动。

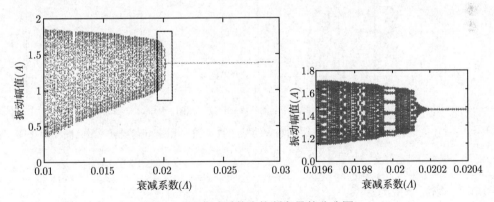

图 3-7 以衰减系数为控制变量的分岔图

在图 3-8 中有不同衰减系数下转子系统碰摩响应的轴心轨迹、相图、Poincaré 截面图和幅频图。当衰减系数较大，即 $\Lambda = 0.025$ 时，轴心轨迹是一个稳定的椭圆且幅值大于 1；在 Poincaré 截面图中，只有一个孤立的点；在幅频图中只有一个转频频率成分，这些均表明系统此时处于周期运动状态。随着衰减系数的减小，系统响应将会发生相应变化，当 $\Lambda = 0.02$ 时，转子系统做 13 倍周期局部碰摩运动，此时轴心轨迹呈现复杂的多个封闭圆形式，振动幅值时而大于 1，时而小于 1；在 Poincaré 截面图中，有 13 个孤立的点。而当衰减系数减小为 $\Lambda = 0.019\,83$ 时，转子系统的轴心轨迹线每一圈与前一圈形状相似，非常接近而又不重合，形成规则的、渐近的、缓慢变化的多层封闭曲线，转子系统的相轨迹图也具有类似的变化规律，说明转子系统处于准周期运动状态。

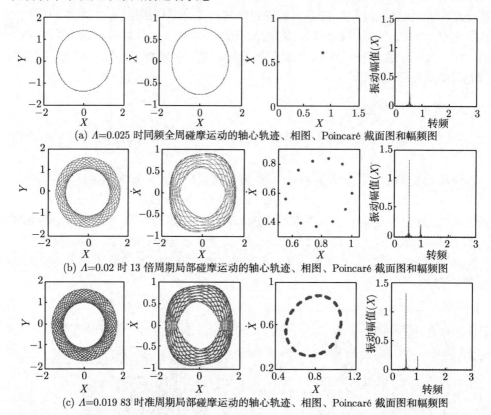

(a) $\Lambda=0.025$ 时同频全周碰摩运动的轴心轨迹、相图、Poincaré 截面图和幅频图

(b) $\Lambda=0.02$ 时 13 倍周期局部碰摩运动的轴心轨迹、相图、Poincaré 截面图和幅频图

(c) $\Lambda=0.019\,83$ 时准周期局部碰摩运动的轴心轨迹、相图、Poincaré 截面图和幅频图

图 3-8　不同衰减系数时转子系统碰摩响应的轴心轨迹图、相图、Poincaré 截面图和幅频图

($\Omega = 0.55$、$\beta = 0.1$、$g = 0.3705$ 和 $\rho = 0.8$)

3.2.3　刚度系数的影响

从上面的分析可知，刚度系数是影响转子系统动态特性的一个非常重要的系统参数。因此，有必要进一步研究刚度系数对转子系统动态响应特性的影响。以刚度系数 β 作为控制变量的系统分岔图如图 3-9 所示，其他系统参数分别为：$\Omega = 0.638$、$\Lambda = 0.016$、$g = 0.01$、$\xi = 0.075$ 和 $\rho = 0.7$。从图中可知，由于控制变量刚度系数的增加，转子系统从准周期、倍周期运动转变到同频全周碰摩运动。当刚度系数 $\beta > 0.119$ 时，转子系统做同频全周碰摩运动。随着刚度系数的减小，系统响应的

振动幅值逐渐增加，并逐渐变得不稳定。为了呈现不同刚度系数下转子系统的运动形式，图 3-10 给出了不同刚度系数下，系统碰摩响应的轴心轨迹、相图、Poincaré 截面图和幅频图。在图 3-10(a) 中刚度系数 $\beta = 0.15$，轴心轨迹是一个稳定的椭圆且幅值大于 1；在 Poincaré 截面图中，只有一个孤立的点，所以转子系统的响应为同频全周碰摩响应。当刚度系数 $\beta \leqslant 0.119$ 时，系统的同频全周碰摩运动将失稳，并转变为局部碰摩运动。在图 3-10(b) 中刚度系数 $\beta = 0.1$，轴心轨迹呈现复杂的多个封闭圆的形式，振动幅值时而大于 1，时而小于 1，在 Poincaré 截面图中，有 5 个孤立的点，因此，此时转子系统做 5 倍周期局部碰摩运动。在图 3-10(c) 中刚度系数 $\beta = 0.05$，转子系统做准周期运动，在 Poincaré 截面图中，不动点呈现为一封闭环。

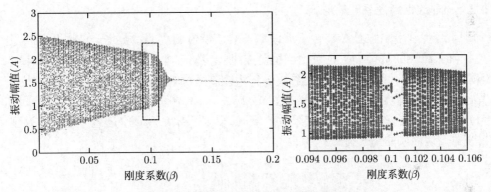

图 3-9 以刚度系数为控制变量的分岔图

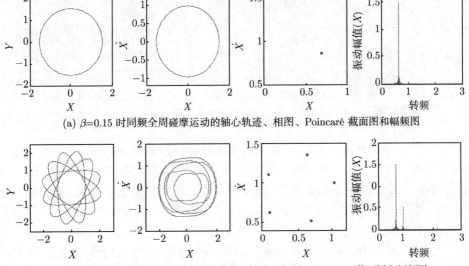

(a) $\beta=0.15$ 时同频全周碰摩运动的轴心轨迹、相图、Poincaré 截面图和幅频图

(b) $\beta=0.1$ 时 5 倍周期局部碰摩运动的轴心轨迹、相图、Poincaré 截面图和幅频图

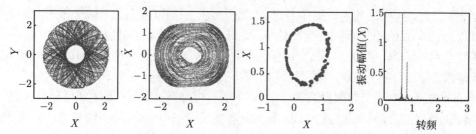

(c) $\beta=0.05$ 时准周期局部碰摩运动的轴心轨迹、相图、Poincaré 截面图和幅频图

图 3-10　不同刚度系数时转子系统碰摩响应的轴心轨迹图、相图、Poincaré 截面图和幅频图
（$\Omega = 0.638$、$\Lambda = 0.016$、$g = 0.01$ 和 $\rho = 0.7$）

3.2.4　非线性刚度系数的影响

非线性刚度系数是影响转子系统动态响应特性的主要参数之一，也是反映橡胶材料非线性的重要参数，因此这里需要进一步研究非线性刚度系数对转子系统响应特性的影响。以非线性刚度系数 g 作为控制变量的系统分岔图如图 3-11 所示，其他系统参数分别为：$\Omega = 0.55$、$\Lambda = 0.02$、$\beta = 0.1$、$\xi = 0.075$ 和 $\rho = 0.8$。从图中可知，由于控制变量非线性刚度系数的增加，转子系统从同频全周碰摩运动转变到准周期、倍周期的局部碰摩运动。

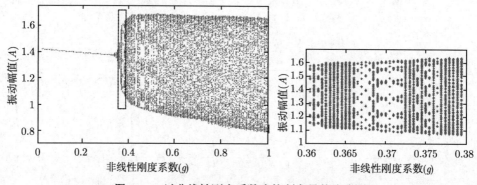

图 3-11　以非线性刚度系数为控制变量的分岔图

当非线性刚度系数 $g < 0.325$ 时，转子系统做同频全周碰摩运动。随着非线性刚度系数的逐渐增加，系统的振动幅值不断减小，但是系统的响应却逐渐变得不稳定。在不同非线性刚度系数条件下，转子系统响应的轴心轨迹、相图、Poincaré 截面图和幅频图如图 3-12 所示。在图 3-12(a) 中非线性刚度系数 $g = 0.2$，轴心轨迹是一个稳定的椭圆且幅值大于 1，在 Poincaré 截面图中，只有一个孤立的不动点，所以转子系统的响应为同频全周碰摩响应。随着非线性刚度系数的增大，振动幅值逐渐减小，系统的同频全周碰摩响应逐渐变得不稳定。当非线性刚度系数 $\beta \geqslant 0.325$

时，系统的同频全周碰摩响应失稳转变为局部碰摩运动，在 Poincaré 截面图中，不动点的数目随着非线性刚度系数 g 的增加逐渐增多。在图 3-12(c) 中非线性刚度系数 $g = 0.6$，转子系统做准周期运动，在 Poincaré 截面图中，不动点呈现为一封闭的环形。

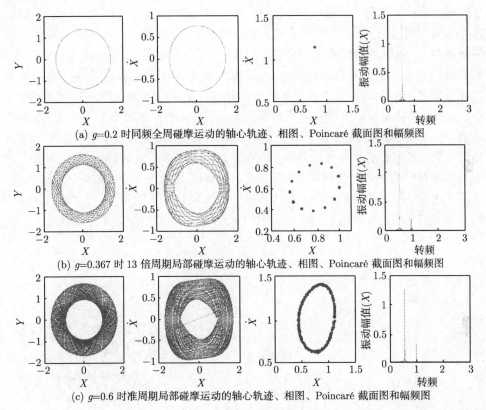

(a) $g=0.2$ 时同频全周碰摩运动的轴心轨迹、相图、Poincaré 截面图和幅频图

(b) $g=0.367$ 时 13 倍周期局部碰摩运动的轴心轨迹、相图、Poincaré 截面图和幅频图

(c) $g=0.6$ 时准周期局部碰摩运动的轴心轨迹、相图、Poincaré 截面图和幅频图

图 3-12　不同非线性刚度系数时转子系统碰摩响应的轴心轨迹图、相图、Poincaré 截面图和幅频图 ($\Omega = 0.55$、$\Lambda = 0.02$、$\beta = 0.1$ 和 $\rho = 0.8$)

3.2.5 偏心率的影响

在旋转机械中，由于加工和装配等原因的存在，转子系统可能产生较大的偏心，引起转子系统的振动以至于产生碰摩，特别是当偏心质量引起的振动超过一定限度时，往往会导致系统运行出现故障。因此，转子系统偏心率是直接关系到转子系统动平衡状况及运行稳定的一个重要参数，需要进一步研究偏心率对转子系统响应特性的影响。

以偏心率 ρ 作为控制变量的系统分岔图如图 3-13 所示，其他系统参数分别为：$\Omega = 0.55$、$\Lambda = 0.015$、$\beta = 0.1$、$\xi = 0.075$ 和 $g = 0.01$。图中显示了偏心率在

$0 < \rho < 1$ 范围内变化时, 转子系统经历了从无碰摩周期运动、同频全周碰摩运动到准周期、倍周期运动的转变。当 $\rho < 0.535$ 时, 系统的响应以稳态周期运动为主要形式, 转子系统振动幅值不大且小于间隙, 碰摩现象并没有发生, 如图 3-14(a) 所示。随着偏心率的增加, 振动幅值逐渐增大, 当偏心率 $\rho = 0.535$ 时, 转子和轴承之间将发生碰摩现象, 且振动幅值发生突变。在 $0.535 \leqslant \rho \leqslant 0.68$ 区间内, 系统做同频全周碰摩运动, 系统的响应形式为稳态周期运动且其幅值大于间隙。随着偏心率继续增加, 系统振动幅值也不断增大, 且逐渐变得不稳定。当偏心率 $\rho > 0.68$ 时, 系统的同频全周碰摩响应失稳, Poincaré 截面图中的不动点数随着偏心率 ρ 的增加逐渐增多。在图 3-14(b) 中偏心率 $\rho = 0.748$ 时, 转子系统做 5 倍周期局部碰摩运动, 此时轴心轨迹呈现复杂的多个封闭圆的形式, 振动幅值时而大于 1, 时而小于 1, 在 Poincaré 截面图中则是有 5 个孤立的点, 在幅频图中有多个由于摩擦引起的频率成分, 其中涡动频率为转频的 7/5 倍。而当偏心率 $\rho = 0.9$ 时, 转子系统的轴心轨迹线每一圈与前一圈形状相似, 非常接近而又不重合, 形成规则的、渐近的、缓慢变化的多层封闭曲线, 转子系统的相轨迹图也具有类似的变化规律, Poincaré 截面图中的不动点呈现为一封闭环, 说明转子系统响应处于准周期运动状态, 如图 3-14(c) 中所示。

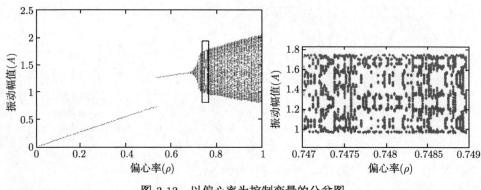

图 3-13　以偏心率为控制变量的分岔图

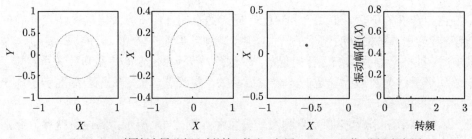

(a) ρ=0.4 时同频全周碰摩运动的轴心轨迹、相图、Poincaré 截面图和幅频图

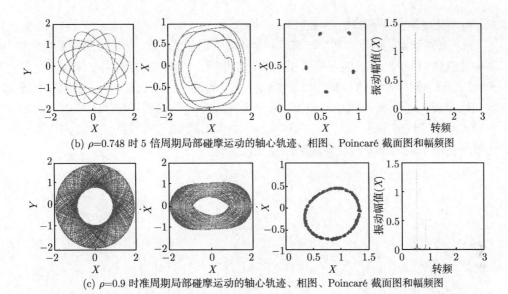

(b) ρ=0.748 时 5 倍周期局部碰摩运动的轴心轨迹、相图、Poincaré 截面图和幅频图

(c) ρ=0.9 时准周期局部碰摩运动的轴心轨迹、相图、Poincaré 截面图和幅频图

图 3-14 不同偏心率时转子系统碰摩响应的轴心轨迹图、相图、Poincaré 截面图和幅频图
($\Omega = 0.55$、$\Lambda = 0.015$、$\beta = 0.1$ 和 $g = 0.01$)

3.3 本 章 小 结

本章以橡胶轴承支承的转子系统为研究对象，建立了在速度依赖型摩擦力作用下橡胶轴承支承的转子系统非线性动力学微分方程组，橡胶轴承被简化为无质量的非线性弹簧，摩擦力则是随着相对滑动速度变化而变化的指数模型。通过数值仿真，分析旋转速度、阻尼比、非线性刚度、刚度系数和偏心率等系统参数对转子系统动态响应特性的影响，并得到如下一些结论。

(1) 随着旋转速度的变化，系统在较低转速和超高转速条件下碰摩均不会发生，转子系统做无碰摩周期运动且运动较平稳，而在中高转速条件下碰摩运动才会发生，且振动较为剧烈。在一定系统参数条件下，转子系统可能发生 Hopf 分岔，呈现复杂的动力学行为。在不同的系统参数条件下，随着旋转速度的增大或减小，转子系统响应的演化过程常常并不一样，且时常出现跳跃的现象，即振动幅值发生突变。

(2) 增大系统阻尼，发生碰摩的转速范围减小，非稳定响应区域将缩小或是不存在，系统的稳定性被提高。

(3) 偏心率较小时，碰摩不会发生，转子系统做无碰摩周期运动。增大偏心率，系统的振动幅值逐渐增大，当振动幅值大于间隙时碰摩便会发生，系统将做同频全周碰摩运动且会发生跳跃现象。随着偏心率的继续增大，系统的振动幅值也跟着增加, 但系统逐渐变得不稳定并发生 Hopf 分岔。

(4) 当碰摩发生时, 随着旋转速度、衰减系数、刚度系数、非线性刚度系数、偏心率的变化, 转子系统的响应在周期运动、倍周期运动和准周期运动之间进行交替变化。衰减系数的增加可以加强转子系统同频全周碰摩运动的稳定性; 刚度系数的增加也将使转子系统同频全周碰摩运动变得更稳定, 这说明在转子的刚度相对轴承的支承刚度较大条件下, 系统碰摩响应才会更稳定; 而非线性刚度系数的增加却会减弱转子系统同频全周碰摩运动的稳定性。

第 4 章　摩擦力作用下转子系统弯扭耦合振动特性研究

根据橡胶轴承支承的转子系统模型，通过采用 Lagrange 方程推导出不平衡转子系统弯扭耦合振动的非线性动力学微分方程，应用数值方法分析了在摩擦力作用下转子系统弯扭耦合振动的响应特性。最终通过对分岔图、三维谱图、时域曲线图、相图和 Poincaré 截面图的分析，得到在摩擦力作用下转子系统中蕴含的各种复杂非线性动力学行为，并分析转子系统参数对系统动态响应特性的影响。书中揭示的振动特性为转子系统的状态识别、诊断和安全经济运行提供一定的理论依据。

深水泵轴系、船舶轴系、燃气轮机和各种电机等旋转机械被广泛地于各生产部门中，旋转机械的异常振动严重威胁着机械系统的稳定运转，甚至可能引起灾难性的事故。旋转机械的振动破坏事故往往是由其弯曲振动和扭转振动共同作用的结果，弯曲和扭转振动同时存在于旋转机械的转子系统上，它们之间相互耦合，并表现出复杂的非线性动力学特征。因此，在考虑弯扭耦合的条件下，研究转子系统在摩擦力作用下表现出的非线性动力学行为，分析系统参数与这些动力学行为之间的关系，对转子系统的优化设计和故障诊断都具有十分重要的意义。

自 20 世纪 80 年代以来，许多学者从试验、数值模拟和理论分析等方面对转子系统碰摩响应特性展开了广泛而深入的研究，并有大量的研究成果[98, 133, 138, 140]。事实上，转子系统的响应不仅有弯曲振动，还有扭转振动，并且它们之间往往存在着某种耦合关系，转子系统的振动特性是由弯曲和扭转振动共同作用的结果。Tondl[151] 分析了转子系统弯曲振动和扭转振动及其耦合振动特性，发现了在某些转速范围内系统是不稳定的，并较早地提出了弯曲和扭转振动相互耦合的理论。Kato 等 [121] 研究了 Jeffcott 转子系统弯扭耦合振动特性，并认为引起系统出现弯扭耦合的主要因素是质量不平衡。刘占生等[123] 对 Jeffcott 转子的非线性弯扭耦合振动微分方程进行了理论分析，得出了在弯扭组合共振区内弯曲振动和扭转振动的频率特征，认为不平衡量是引起系统发生弯扭组合共振的主要原因，应该尽量避免出现弯扭组合共振。Al-Bedoor[152]，Yuan 和 Chu[128] 对碰摩转子系统的瞬态振动响应特性进行了研究，通过对弯扭耦合模型中弯曲振动响应分析，指出扭转振动对转子系统整体动态特性的影响规律。Patel 等 [115] 以裂纹转子系统为研究对象，考虑了弯曲振动和扭转振动的耦合关系，经分析发现系统弯曲振动响应的频率成分中出现一些新的成分。韩放等[153] 通过分析考虑非线性油膜力作用下叶片–转子–轴承系统的弯扭耦合振动特性，发现系统中蕴含的一些复杂非线性动力学现象。

到目前为止，大部分研究分析中并没有涉及橡胶轴承的超弹性材料特性以及摩擦力与相对滑动速度相关的特性，应用以前的模型和方法来分析橡胶轴承支承的转子弯扭耦合系统的动态响应特性势必会影响分析结果的准确性。因此，有必要进一步研究在摩擦力作用下橡胶轴承支承的转子系统弯扭耦合振动特性。国内外船舶和深井泵等设备中大量使用了橡胶轴承，在运转过程中特别是在低速重载的工况下，常常会出现异常的剧烈振动和鸣音以及橡胶体磨损较为严重等现象，这些现象是与橡胶轴承和转子系统的静态特性和动态特性密切相关的。本章将以橡胶轴承支承的转子系统为对象，建立摩擦力作用下转子系统弯扭耦合非线性动力学方程组，分析研究系统中蕴含的丰富非线性动力学行为，为解释转子系统产生异常剧烈振动的原因以及研究噪声机理提供新思路。

4.1　模型与运动方程的建立

4.1.1　转子系统动力学模型

转子系统模型如图 4-1 所示，质量为 m、转动惯量为 J 的三自由度刚性转盘支承在刚度为 k、阻尼为 c、扭转刚度为 k_t、扭转阻尼为 c_t 的无质量弹性轴上。转子和轴承之间的间隙为 δ，转子的质心与其几何中心间的距离偏心距为 e。图中，O_1 为轴承形心位置，O_2 为转子形心位置，O_3 为转子质心位置，建立以轴承形心为原点的 xO_1y 固定坐标系。

根据理论力学知，刚性圆盘由其质心的平动和绕质心转动合成，则圆盘的动能可定义为

$$T = T_t + T_G \tag{4-1}$$

式中，T_t 为转动动能；T_G 为平动动能。

ϕ 为转子转过的角度，$\phi = \omega t + \theta$，其中，ω 是转子旋转角速度；θ 为扭角。由于质量偏心的存在，由平行轴定律有 $J = J' + me^2$，其中，J 为转子过形心的转动惯量，J' 为转子过质心的转动惯量，则可得转动动能表达式：

$$T_t = \frac{1}{2}J'\left(\omega + \dot{\theta}\right)^2 = \frac{1}{2}\left(J - me^2\right)\left(\omega + \dot{\theta}\right)^2 \tag{4-2}$$

转子形心的坐标为 (x, y)，其质心的坐标为 (x_c, y_c)，则由图 4-1 可知，质心在 x 和 y 方向的速度为 $\dot{x}_c = \dot{x} - e\left(\omega + \dot{\theta}\right)\sin\phi$，$y_c = \dot{y} + e\left(\omega + \dot{\theta}\right)\cos\phi$，故可得平动的动

能表达式为

$$
\begin{aligned}
T_{\mathrm{G}} &= \frac{1}{2}m\left(\dot{x}_{\mathrm{c}}^2 + \dot{y}_{\mathrm{c}}^2\right) \\
&= \frac{1}{2}m\Big[\dot{x}^2 + \dot{y}^2 + e^2\left(\omega + \dot{\theta}\right)^2 + 2e\left(\omega + \dot{\theta}\right)\dot{y}\cos(\omega t + \theta) \\
&\quad - 2e\left(\omega + \dot{\theta}\right)\dot{x}\sin(\omega t + \theta)\Big]
\end{aligned}
\tag{4-3}
$$

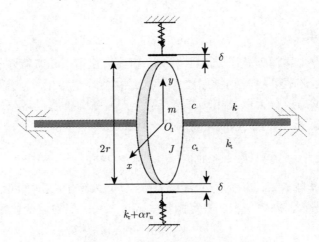

(a) 系统无碰摩时的前视图

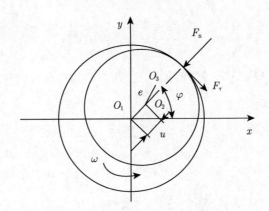

(b) 系统发生碰摩时的俯视图

图 4-1 转子–橡胶轴承系统模型

转子系统的势能就是弹性轴的势能, 考虑转子的线弹性、几何对称性及重力影响, 单圆盘势能可直接写为

$$
U = \frac{1}{2}k\left(x^2 + y^2\right) + \frac{1}{2}k_{\mathrm{t}}\theta^2 + mg\left[y + e\sin\left(\omega t + \theta\right)\right]
\tag{4-4}
$$

考虑转子系统在各个方向上受到的黏性阻尼力、外激励力和力矩影响，根据 Lagrange 方程可得系统的动力学方程为

$$
\begin{cases}
m\ddot{x} + c\dot{x} + kx = me\left[(\omega + \dot{\theta})^2 \cos(\omega t + \theta) + \ddot{\theta} \sin(\omega t + \theta)\right] + F_x \\
m\ddot{y} + c\dot{y} + ky = me\left[(\omega + \dot{\theta})^2 \sin(\omega t + \theta) - \ddot{\theta} \cos(\omega t + \theta)\right] - mg + F_y \\
J\ddot{\theta} + c_t\dot{\theta} + k_t\theta = me\left[\ddot{x} \sin(\omega t + \theta) - (\ddot{y} + g)\cos(\omega t + \theta)\right] + M
\end{cases}
\tag{4-5}
$$

4.1.2　摩擦力模型

合理的摩擦力学模型是研究转子系统在摩擦力作用下动态特性的关键。对于液体润滑轴承而言，速度依赖型的指数模型已经得到广泛验证。为了能够准确描述转子和轴承间的摩擦行为以及相对低速情况下出现的自激振动现象，本书采用指数模型来描述低速工况下的滑动摩擦特性，其表达式为

$$
\mu = \tanh\left(k_{\tanh} v_{\mathrm{rel}}\right)\left[\mu_1 + (\mu_0 - \mu_1)\exp\left(-\lambda\left|v_{\mathrm{rel}}\right|\right)\right]
\tag{4-6}
$$

式中，μ_0 为静摩擦系数；μ_1 为库仑摩擦系数；v_{rel} 为转子与轴承间的相对滑动速度；λ 为衰减系数；系数 $k_{\tanh}$ 决定函数 $\tanh(\cdot)$ 从 -1 附近变化到 $+1$ 附近的快慢。

由于摩擦力和摩擦力矩引起转子弯曲振动和扭转振动，则转子和轴承之间的相对滑动速度 v_{rel} 如下式所示：

$$
v_{\mathrm{rel}} = \frac{x\dot{y} - y\dot{x}}{\sqrt{x^2 + y^2}} + \left(\dot{\theta} + \omega\right)r
\tag{4-7}
$$

式中，r 为转子的半径；ω 为转子的旋转角速度；$\dot{\theta}$ 为扭转振动角速度。

4.1.3　碰摩力和力矩

转子和轴承发生碰摩时，如图 4-1(b) 所示，F_n 为碰摩正压力，F_t 为切向摩擦力。在运转的过程中，转子形心位移为 $u = \sqrt{x^2 + y^2}$，当 $u > \delta$ 时，碰摩将会发生，且接触角度 $\varphi = \arctan\dfrac{y}{x}$。

考虑到橡胶轴承具有非线性特征，计算时需要计入其支承刚度的非线性特性。橡胶轴承由超弹性材料构成，目前尚无通过试验而测得的准确刚度曲线。因此，其载荷–变形非线性关系参照《前联邦德国国防军舰艇建造规范》(BV 043—1985)，并按下式进行估算：

$$
F = k_r r_u + \alpha r_u^2
\tag{4-8}
$$

式中，F 为载荷；r_u 为变形量；k_r 为轴承线性刚度值。因此，橡胶轴承内环面与转子间的接触刚度为 $k_r + \alpha r_u$。

则转子和轴承之间的摩擦力和接触力为

$$
\begin{cases}
F_{\mathrm{n}} = k_{\mathrm{r}} (u - \delta) + \alpha (u - \delta)^2 & (u > \delta) \\
F_{\tau} = \mu F_{\mathrm{n}} \\
F_{\mathrm{n}} = 0 & (u \leqslant \delta) \\
F_{\tau=0}
\end{cases}
\tag{4-9}
$$

将摩擦力和接触力分解到笛卡儿坐标系 xO_1y 中为

$$
\left\{ \begin{array}{c} F_x \\ F_y \end{array} \right\} =
\left[\begin{array}{cc} -\cos\varphi & \sin\varphi \\ -\sin\varphi & -\cos\varphi \end{array} \right]
\left\{ \begin{array}{c} F_{\mathrm{n}} \\ F_{\tau} \end{array} \right\}
$$

$$
= -\Theta \frac{k_{\mathrm{r}} (u - \delta) + \alpha (u - \delta)^2}{u}
\left[\begin{array}{cc} 1 & -\mu \\ \mu & 1 \end{array} \right]
\left\{ \begin{array}{c} x \\ y \end{array} \right\}
\tag{4-10}
$$

式中，Θ 为 Heaviside 函数，即

$$
\Theta = \begin{cases}
1 & \sqrt{x^2 + y^2} > \delta \\
0 & \sqrt{x^2 + y^2} \leqslant \delta
\end{cases}
$$

可以看出，碰摩力是转子位移的非线性函数，转子在运动过程中将有可能出现不稳定现象。摩擦力的存在使转子在碰摩点处受到对转子形心的摩擦力矩 M，有

$$
M = -F_{\tau} r = -\Theta \mu F_{\mathrm{n}} r
\tag{4-11}
$$

则转子系统动力学方程组可表达为

$$
\begin{cases}
m\ddot{x} + c\dot{x} + kx = me \left[(\omega + \dot{\theta})^2 \cos(\omega t + \theta) + \ddot{\theta} \sin(\omega t + \theta) \right] \\
\qquad\qquad - \Theta \dfrac{k_{\mathrm{r}} (u - \delta) + \alpha (u - \delta)^2}{u} (x - \mu y) \\
m\ddot{y} + c\dot{y} + ky = me \left[(\omega + \dot{\theta})^2 \sin(\omega t + \theta) - \ddot{\theta} \cos(\omega t + \theta) \right] \\
\qquad\qquad - mg - \Theta \dfrac{k_{\mathrm{r}} (u - \delta) + \alpha (u - \delta)^2}{u} (\mu x + y) \\
\left(J + me^2 \right) \ddot{\theta} + c_{\mathrm{t}} \dot{\theta} + k_{\mathrm{t}} \theta = me \left[\ddot{x} \sin(\omega t + \theta) - (\ddot{y} + g) \cos(\omega t + \theta) \right] \\
\qquad\qquad + \Theta \mu \left[k_{\mathrm{r}} (u - \delta) + \alpha (u - \delta)^2 \right] r
\end{cases}
\tag{4-12}
$$

4.2 转子系统弯曲振动和扭转振动特性分析

利用四阶 Runge-Kutta 法，对式 (4-12) 进行数值分析，将得到系统在不同参数条件下的振动响应特性。转子系统主要参数为：$m = 213\mathrm{kg}$，$r = 0.4\mathrm{m}$，$J =$

$10\mathrm{kg \cdot m^2}$, $k = 75\ 880\mathrm{N/m}$, $k_\mathrm{t} = 47\ 768\mathrm{N \cdot m/rad}$, $k_\mathrm{r} = 2.5 \times 10^7\mathrm{N/m}$, $\alpha = 2.5 \times 10^6\mathrm{N/m^2}$, $\delta = 1 \times 10^{-3}\mathrm{m}$, $e = 1 \times 10^{-3}\mathrm{m}$, $\xi = 0.02$, $\xi_\mathrm{t} = 0.01$, **静摩擦系数** $\mu_0 = 0.475$, **库仑摩擦系数** $\mu_1 = 0.075$, **衰减系数** $\lambda = 0.55$, **扭转振动固有频率** $\omega_\mathrm{t0} = 11\mathrm{Hz}$. 计算中每一周期积分步长为 1/500, 共计算 1000 个周期, 舍去前 800 个周期, 而取稳定的后 200 个周期解进行理论分析。

4.2.1　转子弯曲振动特性分析

图 4-2 为以旋转速度为控制变量的横向弯曲振动分岔图, 图 4-3 为转子系统横向弯曲方向响应的三维谱图。它们描述了转子系统随旋转速度变化弯曲振动特性和幅频特性的变化。从图中可以看出转子系统随着旋转速度的升高, 出现了准周期、周期、倍周期和混沌等丰富的非线性动力学现象。

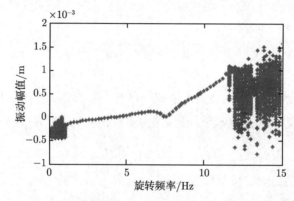

图 4-2　以旋转速度为控制变量的横向弯曲振动分岔图

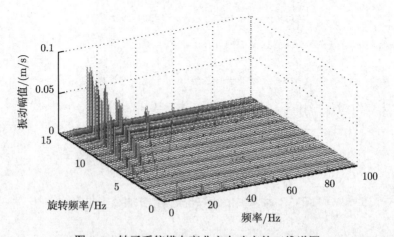

图 4-3　转子系统横向弯曲方向响应的三维谱图

当旋转频率 $\omega \leqslant 1\text{Hz}$ 时，在三维谱图中出现的频率成分以与扭转振动固有频率 11Hz 及倍频相一致的频率成分为主，各频率成分的幅值随着旋转频率的增大而逐渐增大，由分岔图知系统弯曲振动出现非周期运动，这些现象在旋转频率大于 1Hz 时突然消失且振动幅值大幅度减小。由图 4-4(a) 可知，在旋转频率为 0.4Hz 工况下，轴心轨迹的半径一直大于转子轴承间间隙，因此转子系统做全周碰摩运动，Poincaré截面图呈现为一封闭的曲线，则转子系统做准周期运动。当 $1\text{Hz} < \omega < 11.6\text{Hz}$ 时，在三维谱图上显示的频率成分以旋转频率为主且随转速的上升逐渐变大，由分岔图可知系统弯曲振动为周期运动。在图 4-4(b) 中描述了转子系统在旋转频率为 4Hz 工况下弯曲方向的响应特性。轴心轨迹的半径一直大于转子轴承间间隙，因此转子系统做全周碰摩运动，Poincaré截面图呈现为一点，则转子系统做周期运动。当旋转频率 $\omega \geqslant 11.6\text{Hz}$ 时，在三维谱图上显示的频率成分以旋转频率及其倍频为主，且随转速的上升各频率幅值逐渐变大，由分岔图知系统弯曲振动的周期运动已经失稳。由图 4-4(c) 可知，在旋转频率为 14Hz 工况下，轴心轨迹非常杂乱且运动半径并非总大于转子轴承间间隙，因此转子系统做局部碰摩运动，Poincaré截面图中的点杂乱，说明系统已经处于混沌状态。

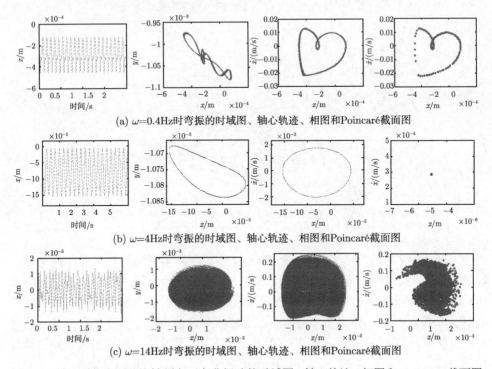

(a) ω=0.4Hz时弯振的时域图、轴心轨迹、相图和Poincaré截面图

(b) ω=4Hz时弯振的时域图、轴心轨迹、相图和Poincaré截面图

(c) ω=14Hz时弯振的时域图、轴心轨迹、相图和Poincaré截面图

图 4-4　转子系统在不同旋转频率下弯曲振动的时域图、轴心轨迹、相图和 Poincaré截面图

4.2.2　转子扭转振动特性分析

图 4-5 为以旋转速度为控制变量的扭转振动分岔图，图 4-6 为转子系统扭转方向响应的三维谱图，它们描述了随旋转速度变化系统扭转振动特性和幅频特性的变化。从图中可以看出转子系统的扭转振动随着旋转速度的升高同样也出现了准周期、周期、倍周期和混沌等丰富的非线性现象。

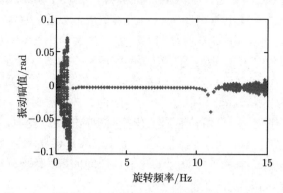

图 4-5　以旋转速度为控制变量的扭转方向振动分岔图

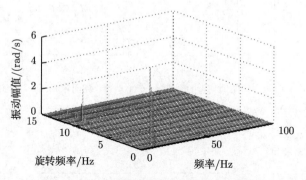

图 4-6　转子系统扭转方向响应的三维谱图

当旋转频率 $\omega \leqslant 1\text{Hz}$ 时，在三维谱图上中出现的频率成分以与扭转振动固有频率 11Hz 一致的频率为主，且其幅值随着旋转频率增大而逐渐增大，由分岔图可知系统扭转响应为非周期运动，这些现象在旋转频率大于 1Hz 时突然消失且振动幅值也大幅减小。由图 4-7(a) 可知，在旋转频率为 0.4Hz 工况下，在扭转振动的相图中呈现明显的黏-滑 (stick-slip) 现象，这是由于摩擦力矩的速度依赖特性诱导系统扭转方向产生自激振动，激起与扭转固有频率 11Hz 一致的频率成分。且通过弯扭耦合作用，激起弯曲方向上对应频率成分的响应。当 $1\text{Hz} < \omega < 11.4\text{Hz}$ 时，在三维谱图上显示频率成分以旋转频率为主，随旋转频率的增加振动幅值逐渐变

大并在 11Hz 旋转频率工况下达到最大值，而后随着旋转频率的继续增加而逐渐减小，由分岔图知系统此时扭转振动做周期运动。由图 4-7(b) 可知，在旋转频率为 4Hz 工况下，扭转的相图为一椭圆而不再有黏–滑现象，这是由于摩擦力矩速度依赖特性产生的负阻尼小于转子系统扭转方向的阻尼，系统将不会出现自激振动，Poincaré 截面图呈现为一点，则转子系统做周期运动。当旋转频率 $\omega \geqslant 11.4$Hz 时，在扭转响应三维谱图上显示频率成分以旋转频率和与扭转固有频率一致的频率成分为主，由分岔图可知系统扭转振动的周期运动已经失稳。由图 4-7(c) 可知，在旋转频率为 14Hz 工况下，扭转振动的相图轨迹无序和 Poincaré 截面图中的点杂乱，说明转子系统已经处于混沌状态。

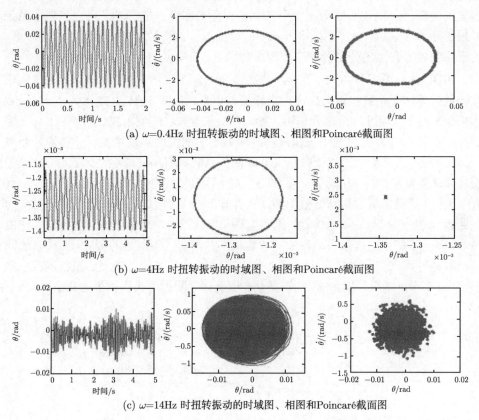

(a) ω=0.4Hz 时扭转振动的时域图、相图和Poincaré截面图

(b) ω=4Hz 时扭转振动的时域图、相图和Poincaré截面图

(c) ω=14Hz 时扭转振动的时域图、相图和Poincaré截面图

图 4-7　转子系统在不同旋转频率下扭转振动的时域图、相图和 Poincaré截面图

4.3　转子系统弯扭耦合振动特性主要影响因素

在上述的分析中可以发现，由于摩擦力的速度依赖特性将会诱导转子系统扭

转方向出现自激振动现象，从而激起与扭转固有频率一致的频率成分。通过弯扭耦合的作用，转子系统弯曲振动响应的频率成分以与扭转固有频率及倍频一致的频率成分为主。影响转子系统响应特性和产生自激振动现象的因素有很多，本节将主要分析系统参数 —— 偏心距、横向阻尼比、扭转阻尼比、衰减系数以及转子半径对系统响应特性和产生自激振动行为的影响。

4.3.1　偏心距的影响

质量偏心在旋转机械中普遍存在，也是旋转机械激励力的主要来源，转子系统常常由于较大偏心质量的存在而引起系统振动幅值过大，导致系统运转出现故障。这里讨论转子质量偏心距对系统弯扭耦合振动响应特性的影响。现在将转子系统的偏心距从 $e = 1 \times 10^{-3}$m 减小为 $e = 3 \times 10^{-4}$m，此时以旋转速度作为控制变量，转子系统各方向上的分岔图和三维谱图如图 4-8～图 4-11 所示。

由图 4-8～图 4-11 可知，在旋转频率 $\omega \leqslant 1$Hz 情况下，由于摩擦力矩的速度依赖特性诱导转子系统扭转方向产生自激振动现象，激起与扭转固有频率 11Hz 一致的频率成分。且通过弯扭耦合作用，激起弯曲方向上对应频率成分的响应。转子系统在弯曲和扭转方向的振动幅值随着旋转频率的增大而逐渐增大，并在旋转频率 $\omega > 1$Hz 后，系统响应的幅值突然大幅降低并以同频全周碰摩运动形式存在。随着旋转频率的继续增大，扭转振动幅值将先增大而后减小并在扭转固有频率 11Hz 处有最大值；而横向弯曲振动幅值不断增大并逐渐变得不稳定，转子系统的同频全周碰摩运动在 $\omega = 12.8$Hz 时失稳。通过与图 4-2～图 4-5 对比发现，由于偏心距的减小，转子系统产生自激振动现象的转速范围并没有发生明显的变化，但是系统同频全周碰摩运动失稳的转速变大了，在旋转频率大于 1Hz 工况下，系统的响应幅值变小，不动点变得较规律了，扭转振动在固有频率附近的响应幅值也变小了。从上

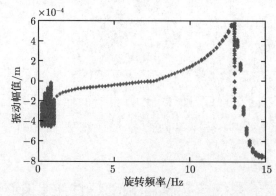

图 4-8　以旋转速度为控制变量的横向弯曲振动分岔图 $(e = 3 \times 10^{-4}$m$)$

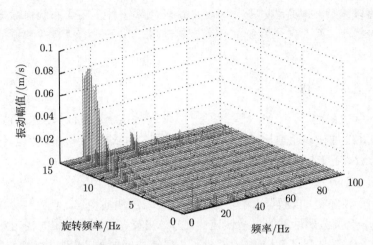

图 4-9 转子系统横向弯曲方向响应的三维谱图 $(e = 3 \times 10^{-4}\text{m})$

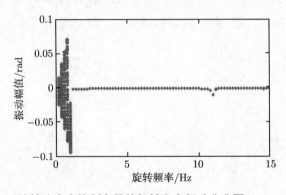

图 4-10 以旋转速度为控制变量的扭转方向振动分岔图 $(e = 3 \times 10^{-4}\text{m})$

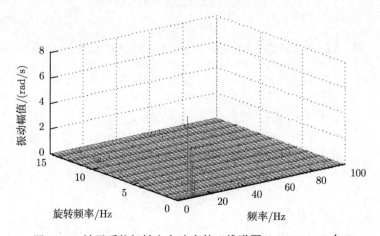

图 4-11 转子系统扭转方向响应的三维谱图 $(e = 3 \times 10^{-4}\text{m})$

述分析中可以发现，偏心率的变化对在低旋转频率条件下转子系统自激振动形成条件的影响很小，而对转子系统在较高旋转速度工况下的响应特性和振动幅值影响较大。

4.3.2　横向阻尼比的影响

　　由于系统阻尼的存在，转子系统是一能量耗散系统，可以抑制振动幅值的增大。现在将系统的横向阻尼比由 $\xi = 0.02$ 增大到 $\xi = 0.1$ 后，以旋转频率作为控制变量，转子系统各方向的分岔图和三维谱图如图 4-12~ 图 4-15 所示。

　　通过图 4-12~ 图 4-15 与图 4-2~ 图 4-5 之间的对比可发现，由于横向阻尼比的增大，转子系统产生自激振动的转速范围没有发生明显变化，但是振动幅值减小了，系统同频全周碰摩运动的失稳转速变大了，在较高转速下系统的横向弯曲响应幅值变小，分岔图中的不动点也较规律了。扭转方向的振动特性并没有由于横向阻尼的增大而有明显的变化，说明横向阻尼的变化对转子系统在低转速条件下自激振动形成的条件和扭转振动特性影响都很小，而对转子系统横向振动特性影响较大。

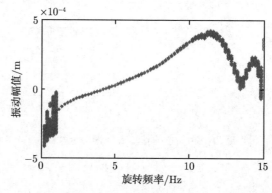

图 4-12　以旋转速度为控制变量的横向弯曲振动分岔图 $(\xi = 0.1)$

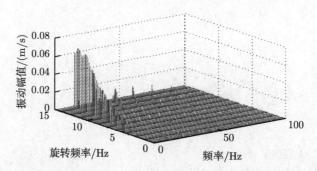

图 4-13　转子系统横向弯曲方向响应的三维谱图 $(\xi = 0.1)$

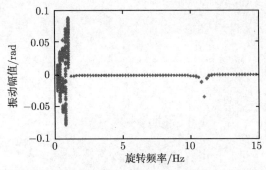

图 4-14 以旋转速度为控制变量的扭转方向振动分岔图 $(\xi = 0.1)$

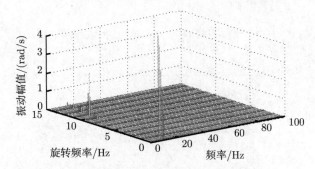

图 4-15 转子系统扭转方向响应的三维谱图 $(\xi = 0.1)$

4.3.3 衰减系数的影响

当转子和轴承发生接触时,摩擦力学特性对系统的响应特性有很大影响。摩擦力学特性主要是通过摩擦力学模型来表现,衰减系统是摩擦力模型中的一个主要参数,现在将研究衰减系数的变化对转子系统弯扭耦合振动响应特性的影响规律。若将衰减系数由 $\lambda = 0.55$ 增大到 $\lambda = 2$ 后,转子系统各方向上的分岔图和三维谱图如图 4-16~ 图 4-19 所示。

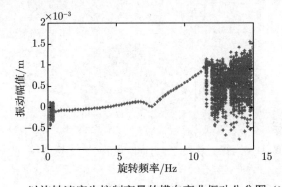

图 4-16 以旋转速度为控制变量的横向弯曲振动分岔图 $(\lambda = 2)$

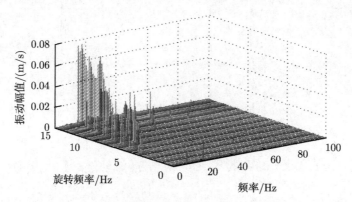

图 4-17　转子系统横向弯曲方向响应的三维谱图 ($\lambda = 2$)

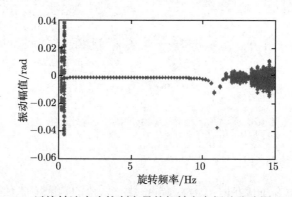

图 4-18　以旋转速度为控制变量的扭转方向振动分岔图 ($\lambda = 2$)

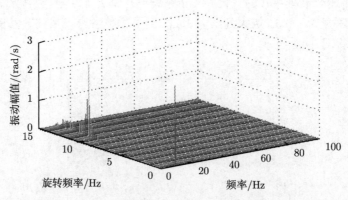

图 4-19　转子系统扭转方向响应的三维谱图 ($\lambda = 2$)

由图 4-16~ 图 4-19 可知，在旋转频率 $\omega \leqslant 0.4$Hz 情况下，由于摩擦力矩的速度依赖性将诱导系统扭转方向产生自激振动现象，激起与扭转固有频率 11Hz 一致的频率成分。且通过弯扭耦合作用，激起弯曲方向上对应频率成分的响应。转子系统在弯曲和扭转方向的振动幅值随着旋转频率的增大而逐渐增大，并在 $\omega > 0.4$Hz 旋转频率后，自激振动现象不再发生，且系统的响应幅值突然大幅度减小，此后系统运动以同频全周碰摩运动形式存在。随着旋转频率的继续增大，扭转振动幅值先增大而后减小并在扭转固有频率 11Hz 处有最大值；而横向振动幅值不断增大并逐渐变得不稳定，在 $\omega = 11.4$Hz 时，转子系统的同频全周碰摩运动失稳。通过与图 4-2~ 图 4-5 对比发现，由于衰减系数的增大，转子系统产生自激振动现象的转速范围明显减小了，但是系统同频全周碰摩运动失稳转速和振动幅值没有发生明显变化。说明衰减系数是影响转子系统在低转速条件下产生自激振动现象的一个重要系统参数。

4.3.4 扭转阻尼比的影响

从上面的分析中发现，横向阻尼比的变化对自激振动的形成条件没有影响，现在分析扭转阻尼比对转子系统振动特性的影响。若在偏心率为 $e = 3 \times 10^{-4}$m 条件下将转子系统的扭转阻尼比由 $\xi_t = 0.01$ 增大到 $\xi_t = 0.015$ 后，转子系统各个自由度方向上的分岔图和三维谱图如图 4-20~ 图 4-23 所示。

由图 4-20~ 图 4-23 可知，在旋转频率 $\omega \leqslant 0.8$Hz 情况下，由于摩擦力矩的速度依赖特性诱导系统扭转方向出现自激振动现象，且系统通过弯扭耦合作用激起弯曲方向相应频率成分的振动。转子系统在弯曲和扭转方向上的振动幅值，随着旋转频率的增大而逐渐增大，并在 $\omega > 0.8$Hz 时，系统响应以同频全周碰摩运动形式存在。随着旋转频率的继续增大，横向振动幅值不断增大并逐渐变得不稳定，

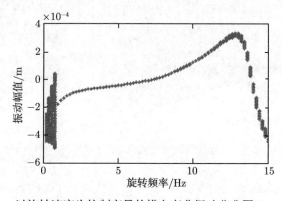

图 4-20   以旋转速度为控制变量的横向弯曲振动分岔图 ($\xi_t = 0.015$)

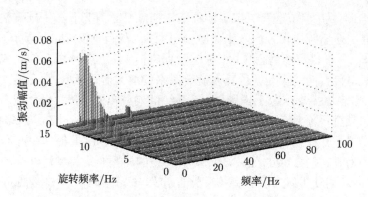

图 4-21　转子系统横向弯曲方向响应的三维谱图 ($\xi_t = 0.015$)

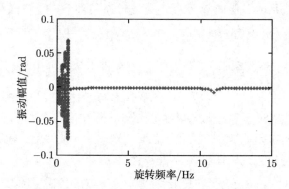

图 4-22　以旋转速度为控制变量的扭转方向振动分岔图 ($\xi_t = 0.015$)

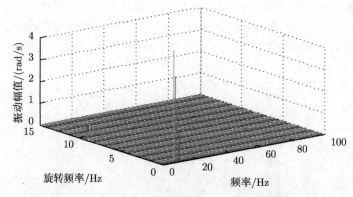

图 4-23　转子系统扭转方向响应的三维谱图 ($\xi_t = 0.015$)

转子系统的同频全周碰摩运动在 $\omega = 12.8\text{Hz}$ 时失稳，而扭转振动的幅值先增大而后减小并在扭转固有频率 11Hz 处有最大值。通过与图 4-8～ 图 4-11 对比发现，由于扭转阻尼比的增大，转子系统出现自激振动现象的转速范围和振动幅值均有减小，但是系统同频全周碰摩运动失稳转速并没有发生明显变化。说明扭转阻尼比是影响转子系统在低转速条件下形成自激振动和扭转振动幅值的一个重要系统参数，但是扭转阻尼比的变化对系统横向弯曲振动在较高旋转频率下的响应特性影响较小。

4.3.5 转子半径的影响

从上面的分析中发现，转子系统在低旋转频率条件下都有自激振动现象的出现，其实系统并不会在任意的参数条件下总能发生自激振动现象。若在偏心率为 $e = 5 \times 10^{-4}$m、横向阻尼比 $\xi = 0.05$ 条件下将转子半径由 $r = 0.4$m 减小到 $r = 0.08$m 后，转子系统各方向上的分岔图和三维谱图将如图 4-24~ 图 4-27 所示。

由图 4-24~ 图 4-27 可知，转子系统在低旋转频率时没有发生自激振动现象，系统弯曲和扭转方向均做周期运动。随着旋转频率的增大，扭转振动幅值先增大而后减小并在扭转固有频率 11Hz 处有最大值；而横向振动幅值不断增大并逐渐变得不稳定，转子系统旋转频率的倍频出现且各倍频的幅值逐渐增大。

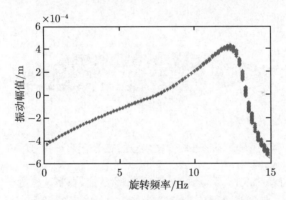

图 4-24　以旋转速度为控制变量的横向弯曲振动分岔图 $(r = 0.08\text{m})$

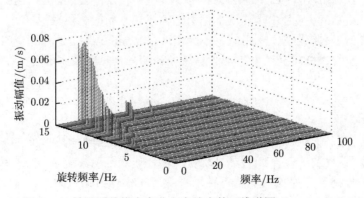

图 4-25　转子系统横向弯曲方向响应的三维谱图 $(r = 0.08\text{m})$

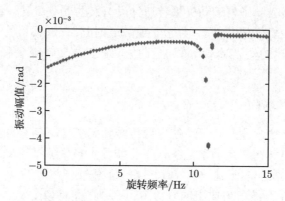

图 4-26　以旋转速度为控制变量的扭转方向振动分岔图 $(r = 0.08\text{m})$

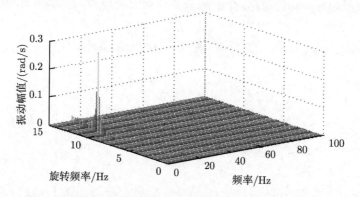

图 4-27　转子系统扭转方向响应的三维谱图 $(r = 0.08\text{m})$

　　碰摩接触处的摩擦力使转子系统在转子形心位置处，受到横向的摩擦力和扭转方向的摩擦力矩，其中摩擦力矩为摩擦力和转子半径的乘积，因此转子半径的大小将对转子系统扭转方向上的响应影响很大。由于转子半径的减小，速度依赖型的摩擦力矩也随之减小，且由于速度变化引起的扭转方向的负阻尼也减小，则当这种负阻尼的模小于系统阻尼时，系统将不会出现自激振动现象。这些均说明转子半径是影响转子系统在低转速条件下形成自激振动的一个重要系统参数。

4.4　本　章　小　结

　　本章以橡胶轴承支承的转子系统为对象，考虑橡胶轴承的非线性以及摩擦力的速度依赖性，建立了不平衡转子系统弯扭耦合非线性动力学微分方程组，应用数值积分方法分析了在摩擦力作用下转子系统弯扭耦合振动特性，分别研究了系统参数——偏心距、横向阻尼比、扭转阻尼比、衰减系数和转子半径等对转子系统动力学响应特性的影响。通过对转子系统弯曲和扭转方向响应的三维谱图、分岔图、时域图、轴心轨迹、相图以及 Poincaré 截面图分析，可以得出如下结论。

(1) 在低旋转频率的工况下，由于摩擦力的速度依赖性诱导转子系统扭转方向产生自激振动现象，并激起与扭转固有频率相一致的频率成分。通过弯扭耦合的作用，转子系统弯曲方向响应的频率成分以与扭转固有频率及其倍频相一致的频率成分为主。系统的响应幅值随旋转频率的上升而增大，且在某一旋转频率后自激振动现象突然消失，并引起系统的响应幅值突然大幅度减小。随着旋转频率的继续上升，弯曲和扭转方向的响应幅值逐渐增大，扭转振动在旋转频率等于扭转固有频率附近时较为剧烈。弯曲振动在某旋转频率后全周碰摩运动失稳而出现局部碰摩运动，系统响应变得复杂，轴心轨迹杂乱，旋转频率的倍频分量也较大。

(2) 减小偏心距和增大横向弯曲阻尼比可以加强转子系统全周碰摩运动的稳定性；增大扭转阻尼比、增大衰减系数和减小转子的半径可以有效缩小转子系统产生自激振动现象的转速范围。

第5章 摩擦力作用下转子-橡胶轴承系统弯扭耦合振动研究

根据转子-橡胶轴承系统的非线性模型，通过采用 Lagrange 方程推导出不平衡力激励下转子-橡胶轴承系统弯扭耦合动力学微分方程，应用数值方法分析了在摩擦力作用下系统的弯扭耦合振动特性。最终通过对三维谱图、时域曲线图、幅频图、轴心轨迹和相图的分析，得到在摩擦力作用下系统中蕴含的各种复杂的非线性动力学行为，并分析转子-橡胶轴承系统参数对系统动态响应特性的影响。书中揭示的动力学特性为转子-橡胶轴承系统的状态识别、诊断和安全经济运行提供一定的理论依据。

转子-轴承系统的弯曲振动与扭转振动之间存在耦合关系，它们的共同作用才是引起系统振动破坏事故的真正原因。单独分析系统的弯曲振动或扭转振动是不能给轴系的故障诊断提供足够信息的。关于转子-滑动轴承系统弯扭耦合振动方面的研究，已有一些研究成果，但是关于转子-橡胶轴承系统弯扭耦合振动特性的分析研究却很少。转子-橡胶轴承系统在传动系统中占有非常重要地位，也常常是造成各种故障和噪声的一个重要来源。由于螺旋桨、轴系的自重以及不良的轴系对中等问题的存在，橡胶轴承承受很大的载荷[5]。在重载荷的条件下，轴系在启动、停止运转以及低速运转等工况下，轴颈和橡胶轴承之间往往没有良好的润滑状态[154]，此时，在无明显外载荷激励的条件下，转子-橡胶轴承系统还有可能产生异常的高频振动噪声，从而严重影响舰船的隐身性能。

到目前为止，国内关于橡胶轴承的研究大多集中于摩擦性能、润滑机理和材料性能等方面，也有一些针对转子-橡胶轴承系统中异常振动噪声的试验研究，但关于其异常高频振动噪声产生的机理以及相关影响因素的研究却很少。本章将以转子-橡胶轴承系统为研究对象，通过采用 Lagrange 方程推导出转子-橡胶轴承系统弯扭耦合非线性动力学微分方程，应用数值积分方法，分析在摩擦力作用下系统的弯扭耦合振动动态响应特性。最终通过对三维谱图、时域曲线图、幅频图、轴心轨迹和相图的分析，得到在摩擦力作用下系统中蕴含的丰富非线性动力学行为，在此基础上分析系统参数以及径向外载荷对系统动态响应特性的影响规律以及避免系统出现自激振动现象的方法。书中揭示的非线性动力学特性为转子-橡胶轴承系统的状态识别、诊断和安全经济运行提供一定的理论依据。

5.1 转子–橡胶轴承系统力学参数计算

为了研究转子–橡胶轴承系统的振动特性, 搭建了试验系统, 其实物图如图 5-1 所示。其中, 转子的材料为 45 号钢, 长 3m, 由两个滚珠轴承支承, 在其末端的两处装有配重盘, 在两配重盘的中间为橡胶轴承, 橡胶轴承的结构如图 0-2 所示, 其橡胶层的材料为丁腈橡胶, 长度为 0.3m。转子–橡胶轴承系统的示意如图 5-2 所示。

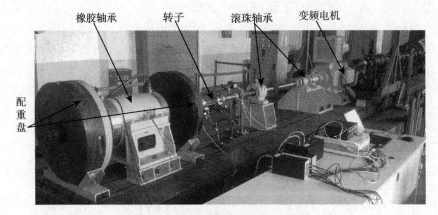

图 5-1 转子–橡胶轴承系统实物图

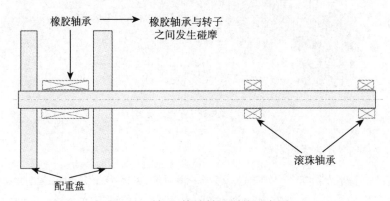

图 5-2 转子–橡胶轴承系统示意图

应用有限元法, 连续系统的运动方程可表述为

$$M\ddot{u} + C\dot{u} + Ku = F(t) \tag{5-1}$$

式中, M 为系统质量矩阵; C 为系统阻尼矩阵; K 为系统刚度矩阵; $F(t)$ 为作用于单元结点上的外力向量; $\ddot{u}, \dot{u}, u$ 分别为系统的加速度向量、速度向量和位移

向量。

当进行静力学分析时,可令系统质量矩阵和阻尼矩阵为 0,则系统的静力学方程为

$$Ku = F \tag{5-2}$$

则系统的位移向量 u 可以由已知的系统刚度矩阵和外力向量求得。

5.1.1　转子力学参数计算

建立图 5-1 中轴系的有限元模型时,选用的是 beam188 梁单元。将支承轴系的两个滚动轴承支承简化为简支支承,并约束联轴器连接处结点的扭转自由度,则其有限元模型如图 5-3 所示。经分析可得转子的质量为 $m = 426\text{kg}$,转动惯量为 $J = 10\text{kg} \cdot \text{m}^2$。在橡胶轴承支承的结点上分别施加径向载荷 F 和扭转力矩 M,经静力学计算可得轴系在不同载荷和力矩作用下的径向位移 y 和扭角 θ,从而可以得到轴系的径向刚度 $k = 75\,880\text{N/m}$,扭转刚度 $k_\text{t} = 47\,768\text{N} \cdot \text{m/rad}$。

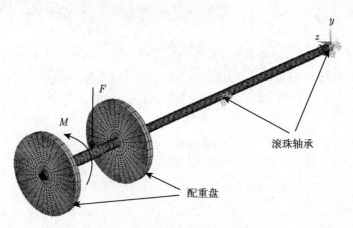

图 5-3　轴系的有限元模型

5.1.2　橡胶轴承力学参数计算

首先建立橡胶轴承的实体模型,选用 solid186 实体单元进行网格划分。橡胶轴承背衬的材料为黄铜,其弹性模量为 $9.7 \times 10^{10}\text{Pa}$,材料密度为 8900kg/m^3,橡胶轴承橡胶层的材料为丁腈橡胶,邵氏硬度为 75 度,材料密度为 1420kg/m^3。经分析可以得到橡胶轴承橡胶层的质量为 $m_1 = 0.883\,89\text{kg}$,转动惯量 $J_1 = 0.014\,226\text{kg} \cdot \text{m}^2$,橡胶轴承和转子之间的间隙为 $1 \times 10^{-3}\text{m}$。在橡胶轴承的内部建立无质量的刚性假轴,以结点耦合方式和橡胶轴承连接在一起,如图 5-4 所示。在刚性假轴上分别施加径向分布载荷 F 和集中扭转力矩 M,经静力学计算可得橡胶轴承在不同载荷和力矩作用下的径向位移和扭角,从而可以得到橡胶轴承的径向刚度为 $5 \times 10^7\text{N/m}$,

扭转刚度 $k_{1t} = 2.15 \times 10^6 \mathrm{N \cdot m/rad}$。在橡胶轴承的橡胶层受到轴系的径向载荷时,也被其背衬支承,所以橡胶层的变形是轴承背衬和轴颈共同作用的结果。基于此,本章将令橡胶层与轴颈之间的接触刚度和橡胶层与背衬之间的接触刚度相等,则橡胶轴承线性刚度 $k_1 = k_r = 2.5 \times 10^7 \mathrm{N/m}$。

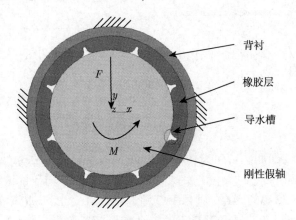

图 5-4　橡胶轴承的物理模型

5.2　模型与运动方程的建立

5.2.1　转子–橡胶轴承系统动力学模型

本章研究的转子–橡胶轴承系统的质量和转动惯量主要集中在一端部,则其低阶的固有特性将由配重盘的质量、转动惯量和转子的横向刚度和扭转刚度决定,因此可将该转子–橡胶轴承系统简化为单盘系统。经力学特性计算,简化的单盘转子–橡胶轴承系统如图 5-5 所示,质量为 m,转动惯量为 J 的三自由度刚性转盘支承在横向刚度为 k,阻尼为 c,扭转刚度为 k_t,扭转阻尼为 c_t 的无质量的弹性轴上。转子和橡胶轴承之间的间隙为 δ,转子的质心与其几何中心的距离偏心距为 e。橡胶轴承也有三个自由度 (x_1, y_1, θ_1),其质量为 m_1,转动惯量为 J_1,支承刚度为 k_1,阻尼为 c_1,扭转刚度为 k_{1t},扭转阻尼为 c_{1t}。图中,O_1 为转子和轴承未发生变形前轴承的形心位置,O_2 为转子形心位置,O_3 为转子质心位置,O_4 为轴承质心位置,并建立以形心位置 O_1 为原点的 xO_1y 固定坐标系。

根据理论力学知,转子–橡胶轴承系统的运动是由其质心的平动和绕其质心转动合成,则系统的动能可定义为

$$T = T_t + T_G + T_{1t} + T_{1G} \tag{5-3}$$

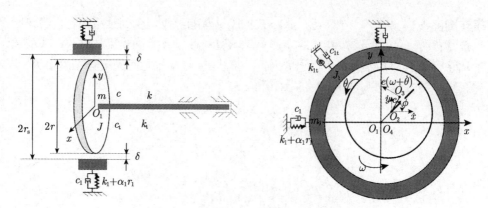

图 5-5　转子–橡胶轴承系统模型

式中，T_t 为转子转动动能；T_G 为转子平动动能；T_{1t} 为轴承转动动能；T_{1G} 为轴承平动动能。ϕ 为转子转过的角度，$\phi = \omega t + \theta$，其中，ω 是转子旋转角速度；θ 为转子扭角。由于质量偏心的存在，则由平行轴定律有 $J = J' + me^2$，其中，J 为转子过形心的转动惯量，J' 为转子过质心的转动惯量，则可得转动动能表达式：

$$T_t = \frac{1}{2}J'\left(\omega + \dot\theta\right)^2 = \frac{1}{2}\left(J - me^2\right)\left(\omega + \dot\theta\right)^2 \tag{5-4}$$

转子形心的坐标为 (x, y)，其质心的坐标为 (x_c, y_c)，则由图 5-5 可知，质心在 x 和 y 方向的速度分别为 $\dot x_c = \dot x - e\left(\omega + \dot\theta\right)\sin\phi$，$y_c = \dot y + e\left(\omega + \dot\theta\right)\cos\phi$，故可得其平动的动能表达式为

$$\begin{aligned}
T_G &= \frac{1}{2}m\left(\dot x_c^2 + \dot y_c^2\right) \\
&= \frac{1}{2}m\Big[\dot x^2 + \dot y^2 + e^2\left(\omega + \dot\theta\right)^2 + 2e\left(\omega + \dot\theta\right)\dot y\cos(\omega t + \theta) \\
&\quad - 2e\left(\omega + \dot\theta\right)\dot x\sin(\omega t + \theta)\Big]
\end{aligned} \tag{5-5}$$

轴承的转动动能和平动动能分别为

$$T_{1t} = \frac{1}{2}J_1\dot\theta_1^2 \tag{5-6}$$

$$T_G = \frac{1}{2}m_1\left(\dot x_1^2 + \dot y_1^2\right) \tag{5-7}$$

式中，θ_1 为轴承的扭角；(x_1, y_1) 为轴承的形心坐标。

考虑系统的几何对称性、弹性势能以及重力势能的影响，转子–橡胶轴承系统的势能可直接写为

$$U = \frac{1}{2}k\left(x^2 + y^2\right) + \frac{1}{2}k_t\theta^2 + mg\left[y + e\sin\left(\omega t + \theta\right)\right]$$

$$+ \frac{1}{2} \left(k_1 + \alpha_1 \sqrt{x_1^2 + y_1^2} \right) \left(x_1^2 + y_1^2 \right) + \frac{1}{2} k_{1t} \theta_1^2 + m_1 g y \tag{5-8}$$

考虑系统在各个方向上受到的黏性阻尼力以及外激励力和力矩的影响，根据 Lagrange 方程可得转子–橡胶轴承系统的振动微分方程为

$$\begin{cases} m\ddot{x} + c\dot{x} + kx = me \left[(\omega + \dot{\theta})^2 \cos(\omega t + \theta) + \ddot{\theta} \sin(\omega t + \theta) \right] + F_x \\ m\ddot{y} + c\dot{y} + ky = me \left[(\omega + \dot{\theta})^2 \sin(\omega t + \theta) - \ddot{\theta} \cos(\omega t + \theta) \right] - mg + F_y \\ J\ddot{\theta} + c_t\dot{\theta} + k_t\theta = me \left[\ddot{x} \sin(\omega t + \theta) - (\ddot{y} + g) \cos(\omega t + \theta) \right] + M \\ m_1\ddot{x}_1 + c_1\dot{x}_1 + \left(k_1 + \alpha_1 \sqrt{x_1^2 + y_1^2} \right) x_1 = -F_x \\ m_1\ddot{y}_1 + c_1\dot{y}_1 + \left(k_1 + \alpha_1 \sqrt{x_1^2 + y_1^2} \right) y_1 = -m_1 g - F_y \\ J_1\ddot{\theta}_1 + c_{1t}\dot{\theta}_1 + k_{1t}\theta_1 = -M \end{cases} \tag{5-9}$$

5.2.2 摩擦力模型

为了能够准确描述转子和橡胶轴承间的摩擦行为以及相对低速情况下出现的自激振动现象，本书采用指数型摩擦力模型来描述低速状况下的摩擦特性，滑动摩擦系数的表达式为

$$\mu = \tanh \left(k_{\tanh} v_{\text{rel}} \right) \left[\mu_1 + (\mu_0 - \mu_1) \exp \left(-\lambda \left| v_{\text{rel}} \right| \right) \right] \tag{5-10}$$

式中，μ_0 为静摩擦系数；μ_1 为库仑摩擦系数；v_{rel} 为转子和轴承间的相对滑动速度；λ 为衰减系数；系数 $k_{\tanh}$ 决定函数 $\tanh(\cdot)$ 从 -1 附近变化到 $+1$ 附近的快慢。

由于摩擦力和摩擦力矩将会引起转子和轴承横向振动和扭转振动，则转子和轴承之间的相对滑动速度 v_{rel} 如下式所示：

$$v_{\text{rel}} = \frac{(x - x_1)(\dot{y} - \dot{y}_1) - (y - y_1)(\dot{x} - \dot{x}_1)}{\sqrt{(x - x_1)^2 + (y - y_1)^2}} + \left(\omega + \dot{\theta} - \dot{\theta}_1 \right) r \tag{5-11}$$

式中，r 为转子的半径；ω 为转子的旋转角速度；$\dot{\theta}$ 为转子扭转振动角速度；$\dot{\theta}_1$ 为轴承扭转振动角速度。

5.2.3 碰摩力和力矩

当转子和橡胶轴承发生碰摩时，如图 5-6 所示，F_n 为碰摩正压力，F_τ 为切向摩擦力。在运转的过程中，转子、轴承间相对位移为 $u_r = \sqrt{(x - x_1)^2 + (y - y_1)^2}$，

当 $u_{\mathrm{r}} > \delta$ 时，碰摩将会发生，且接触角度 $\varphi = \arctan \dfrac{(y - y_1)}{(x - x_1)}$。

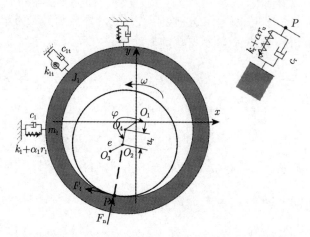

图 5-6　转子-橡胶轴承系统发生碰摩时的示意图

考虑到橡胶轴承具有非线性特征，计算时同时计入了支承刚度的非线性特性，则橡胶轴承内环面上与转子间的接触刚度为 $k_{\mathrm{r}} + \alpha r_{\mathrm{u}}$，其中 r_{u} 为变形量，k_{r} 为轴承线性刚度值。

则转子和轴承之间的摩擦力和正压力为

$$
\begin{cases}
F_{\mathrm{n}} = k_{\mathrm{r}}\,(u_{\mathrm{r}} - \delta) + \alpha\,(u_{\mathrm{r}} - \delta)^2 \\
F_{\tau} = \mu F_{\mathrm{n}} & (u > \delta) \\
F_{\mathrm{n}} = 0 \\
F_{\tau} = 0 & (u \leqslant \delta)
\end{cases}
\tag{5-12}
$$

将摩擦力和正压力力分解到笛卡儿坐标系 xO_1y 中为

$$
\begin{aligned}
\begin{Bmatrix} F_x \\ F_y \end{Bmatrix}
&= \begin{bmatrix} -\cos\varphi & \sin\varphi \\ -\sin\varphi & -\cos\varphi \end{bmatrix}
\begin{Bmatrix} F_{\mathrm{n}} \\ F_{\tau} \end{Bmatrix} \\
&= -\Theta\,\frac{k_{\mathrm{r}}\,(u_{\mathrm{r}} - \delta) + \alpha\,(u_{\mathrm{r}} - \delta)^2}{u_{\mathrm{r}}}
\begin{bmatrix} 1 & -\mu \\ \mu & 1 \end{bmatrix}
\begin{Bmatrix} x - x_1 \\ y - y_1 \end{Bmatrix}
\end{aligned}
\tag{5-13}
$$

式中，Θ 为 Heaviside 函数，即

$$
\Theta = \begin{cases}
1 & \sqrt{(x - x_1)^2 + (y - y_1)^2} > \delta \\
0 & \sqrt{(x - x_1)^2 + (y - y_1)^2} \leqslant \delta
\end{cases}
$$

可以看出，正压力是转子位移的非线性函数，转子在运动过程中将有可能出现不稳定现象。摩擦力的存在使得转子在碰摩点处受到对转子形心的摩擦力矩 M，

有

$$M = -\Theta F_\tau r = -\Theta \mu F_n r \tag{5-14}$$

则转子–橡胶轴承系统弯扭耦合非线性动力学微分方程可表达为

$$
\begin{cases}
m\ddot{x} + c\dot{x} + kx = me\left[(\omega + \dot{\theta})^2 \cos(\omega t + \theta) + \ddot{\theta}\sin(\omega t + \theta)\right] \\
\qquad\qquad -\Theta\left[k_r(u_r - \delta) + \alpha(u_r - \delta)^2\right]/u_r\left[(x - x_1) - \mu(y - y_1)\right] \\
m\ddot{y} + c\dot{y} + ky = me\left[(\omega + \dot{\theta})^2 \sin(\omega t + \theta) - \ddot{\theta}\cos(\omega t + \theta)\right] - mg \\
\qquad\qquad -\Theta\left[k_r(u_r - \delta) + \alpha(u_r - \delta)^2\right]/u_r\left[\mu(x - x_1) + (y - y_1)\right] \\
J\ddot{\theta} + c_t\dot{\theta} + k_t\theta = me\left[\ddot{x}\sin(\omega t + \theta) - (\ddot{y} + g)\cos(\omega t + \theta)\right] \\
\qquad\qquad -\Theta\mu\left[k_r(u_r - \delta) + \alpha(u_r - \delta)^2\right]r \\
m_1\ddot{x}_1 + c_1\dot{x}_1 + \left(k_1 + \alpha_1\sqrt{x_1^2 + y_1^2}\right)x_1 = \Theta\left[k_r(u_r - \delta) + \alpha(u_r - \delta)^2\right] \\
\qquad\qquad /u_r\left[(x - x_1) - \mu(y - y_1)\right] \\
m_1\ddot{y}_1 + c_1\dot{y}_1 + \left(k_1 + \alpha_1\sqrt{x_1^2 + y_1^2}\right)y_1 = -m_1g + \Theta[k_r(u_r - \delta) + \alpha(u_r - \delta)^2] \\
\qquad\qquad /u_r\left[\mu(x - x_1) + (y - y_1)\right] \\
J_1\ddot{\theta}_1 + c_{1t}\dot{\theta}_1 + k_{1t}\theta_1 = \Theta\mu\left[k_r(u_r - \delta) + \alpha(u_r - \delta)^2\right]r
\end{cases}
$$

$$\tag{5-15}$$

5.3 数值仿真计算及分析

利用四阶 Runge-Kutta 法, 对式 (5-15) 进行数值积分计算, 得到在不同系统参数条件下转子–橡胶轴承系统的动态响应特性。除上述主要的系统参数外, 其他系统参数如下: $r = 0.08$m, $\alpha = \alpha_1 = 2.5 \times 10^6$N/m^2, $\delta = 1 \times 10^{-3}$m, $e = 1 \times 10^{-3}$m, $\xi = 0.02$, $\xi_t = 0.01$, $\xi_1 = 0.05$, $\xi_{1t} = 0.012$, 静摩擦系数 $\mu_0 = 0.475$, 库仑摩擦系数 $\mu_1 = 0.008$, 衰减系数 $\lambda = 2$, 则系统扭振固有频率 $\omega_{t0} = 11$Hz, $\omega_{t1} = 1956.6$Hz。计算中每一周期积分步长为 $1/8000$, 共计算 1000 个周期, 舍弃前 800 个周期, 取其后稳定响应的 200 个周期用来分析。

5.3.1 转子振动特性分析

图 5-7 为转子横向弯曲方向响应的位移和速度三维谱图, 图 5-8 为转子扭转方向响应的角位移和角速度三维谱图, 它们分别描述了随旋转速度变化转子弯曲振

动和扭转振动位移和速度幅频特征的变化。

当旋转频率 $\omega \leqslant 1.6\mathrm{Hz}$ 时，在三维谱图中出现的频率成分不仅有不平衡激励力引起的转频以及不对中引起的转频倍频成分，还有与转子扭转方向固有频率和轴承扭转方向固有频率相等的频率成分。主要频率成分的振动幅值随着旋转频率的增大而不断地增大。而当旋转频率 $\omega > 1.6\mathrm{Hz}$ 时，响应中与转子扭转方向固有频率和轴承扭转方向固有频率相等的频率成分突然消失，且系统的振动幅值有所减小，但是响应中的转频及其倍频成分仍随着旋转频率的增大而继续增加。

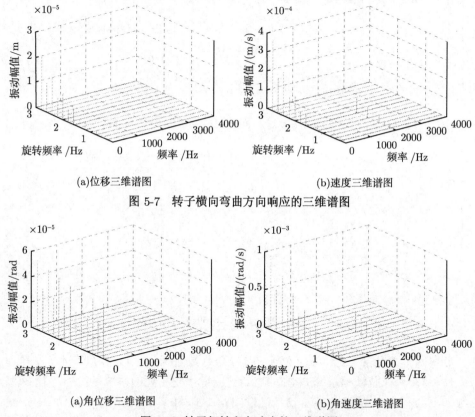

(a)位移三维谱图　　　　　　　　　　(b)速度三维谱图

图 5-7　转子横向弯曲方向响应的三维谱图

(a)角位移三维谱图　　　　　　　　　(b)角速度三维谱图

图 5-8　转子扭转方向响应的三维谱图

图 5-9 为旋转频率为 0.8Hz 工况下，转子弯曲振动响应的位移时域图、幅频图、轴心轨迹和相图。从其幅频图中只能观察到较明显的转频成分，而从其时域图可得知系统响应的频率成分中应该有除转频之外其他高频成分，轴心轨迹和相图也不是简单的椭圆形状，它们都说明转子的响应中包含高频成分。为了分析和观察这些高频成分，图 5-10 给出了转子弯曲振动响应的速度时域图和幅频图，从图 5-10(a) 可知转频成分已经被高频成分淹没了，从图 5-10(b) 得知，这些主要高频成

分等于转子的扭转固有频率、轴承的扭转固有频率及其倍频。

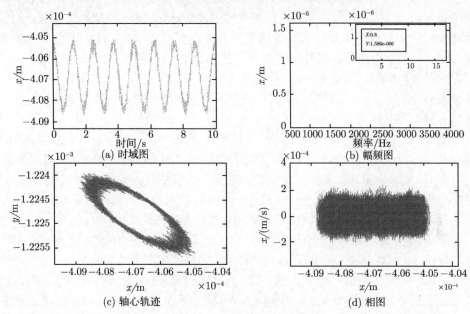

图 5-9　转子在转频 0.8Hz 工况下弯曲振动的位移时域图、幅频图、轴心轨迹和相图

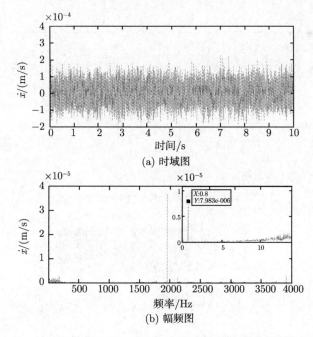

图 5-10　转子在转频 0.8Hz 工况下弯曲振动的速度时域图和幅频图

图 5-11 为旋转频率为 0.8Hz 工况下，转子扭转振动响应的角位移时域图、幅频图和相图。从其幅频图中也只能观察到较明显的转频成分，而从其时域图可得知系统响应的频率成分中应该包含除转频外其他高频成分，其相图也不是简单的椭圆形状。为了分析和观察这些高频成分，图 5-12 给出了转子扭转方向响应的角速度时域图和幅频图，从图 5-12(a) 得知转子扭转振动响应中不仅有转频成分，还有高频成分，从图 5-12(b) 可知，这些主要高频成分等于转子扭转固有频率、轴承扭转固有频率及其倍频。

图 5-13 为旋转频率为 2Hz 工况下，转子弯曲振动响应的位移时域图、幅频图、轴心轨迹和相图。从其幅频图中仅能观察到较明显的转频成分，其时域图中的曲线也很光滑，轴心轨迹和相图也只是呈现为简单的椭圆形状，这些都说明转子弯曲方向在转频的激励下做周期运动。为了进一步确认系统的响应形式，图 5-14 给出了转子弯曲振动响应的速度时域图和幅频图，也可得出相同结论。

图 5-15 为旋转频率为 2Hz 工况下，转子扭转振动响应的角位移时域图、幅频图和相图。从其幅频图中仅能观察到转频成分，其时域图中的曲线也很光滑，相图也只是呈现为简单的椭圆形状，这些都说明转子扭转方向的响应为单频周期运动形式。为了进一步确认系统的响应形式，图 5-16 给出了转子扭转振动响应的速度时域图和幅频图，也可得出相同结论。

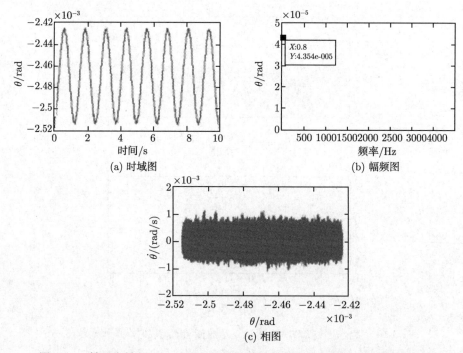

(a) 时域图　　　　　　　　(b) 幅频图

(c) 相图

图 5-11　转子在转频 0.8Hz 工况下扭转振动的角位移时域图、幅频图和相图

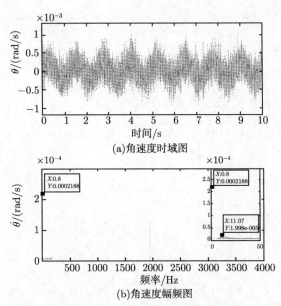

(a)角速度时域图

(b)角速度幅频图

图 5-12 转子在转频 0.8Hz 工况下扭转振动的角速度时域图和幅频图

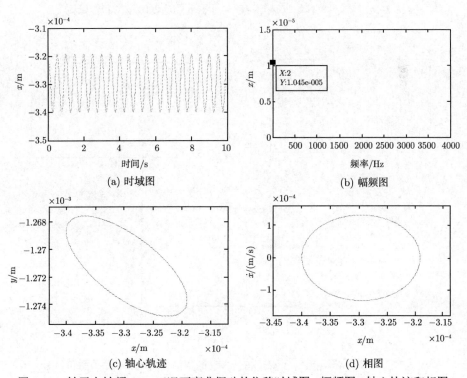

(a) 时域图

(b) 幅频图

(c) 轴心轨迹

(d) 相图

图 5-13 转子在转频 2Hz 工况下弯曲振动的位移时域图、幅频图、轴心轨迹和相图

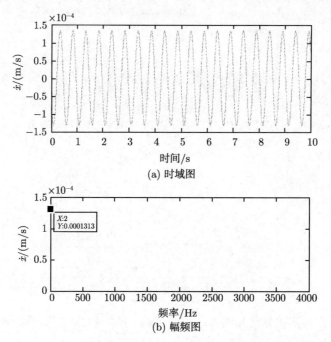

图 5-14　转子在转频 2Hz 工况下弯曲振动的速度时域图和幅频图

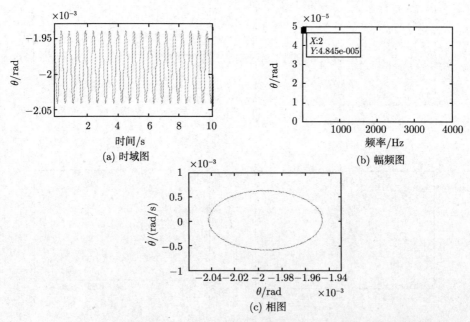

图 5-15　转子在转频 2Hz 工况下扭转振动的角位移时域图、幅频图和相图

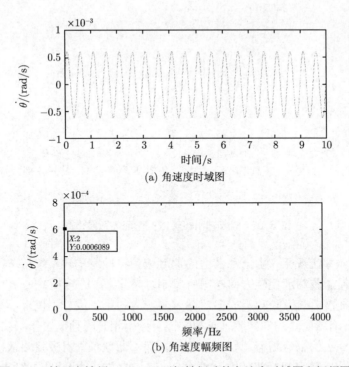

图 5-16 转子在转频 2Hz 工况下扭转振动的角速度时域图和幅频图

5.3.2 橡胶轴承振动特性分析

图 5-17 为橡胶轴承横向振动响应的位移和速度三维谱图，图 5-18 为橡胶轴承扭转方向响应的角位移和角速度三维谱图，它们分别描述了随旋转频率变化橡胶轴承弯曲振动和扭转振动响应幅频特性的变化。

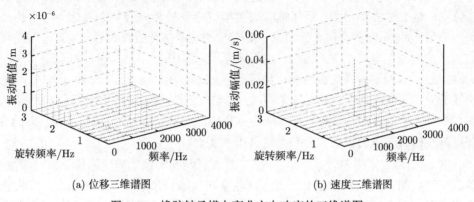

(a) 位移三维谱图　　　　　　　　　　(b) 速度三维谱图

图 5-17 橡胶轴承横向弯曲方向响应的三维谱图

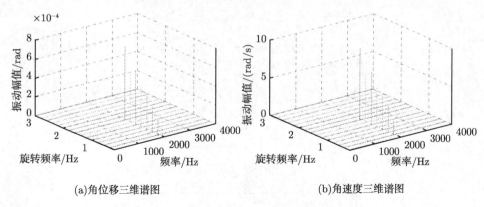

(a)角位移三维谱图　　　　　　　　　　　　(b)角速度三维谱图

图 5-18　橡胶轴承扭转方向响应的三维谱图

在旋转频率工况下，由于摩擦力的速度依赖特性将诱导系统扭转方向产生自激振动，激起橡胶轴承扭转方向的固有频率。因此，在旋转频率 $\omega \leqslant 1.6\text{Hz}$ 的工况下，在三维谱图中橡胶轴承横向弯曲方向响应的频率成分不仅有不平衡激励引起的转频，还有很明显的和橡胶轴承扭转固有频率相等的频率成分，转频和频率为 $\omega_{t1} = 1956.6\text{Hz}$ 的幅值随着旋转频率的增大而不断地增大。橡胶轴承扭转方向响应的频率成分主要为和其扭转固有频率 $\omega_{t1} = 1956.6\text{Hz}$ 相等的频率成分，诸如转频等其他频率成分均不再是其响应中的主要频率成分。但是当旋转频率 $\omega > 1.6\text{Hz}$ 后，由于摩擦力矩速度依赖特性产生的负阻尼小于转子-轴承系统扭转方向的阻尼，系统将不再出现自激振动现象。此时，橡胶轴承响应中的高频成分 $\omega_{t1} = 1956.6\text{Hz}$ 突然消失，使得橡胶轴承扭转方向的振动幅值大幅度地减小，其横向弯曲振动响应中转频成分的幅值随转频增大而继续增加。

图 5-19 为旋转频率为 0.8Hz 工况下，橡胶轴承横向振动响应的位移时域图、幅频图、轴心轨迹和相图。从其幅频图中能观察到轴承响应频率成分主要有转频和频率为 1956.6Hz 的高频，高频成分等于橡胶轴承扭转固有频率。从其时域图可知系统的响应包含多个频率成分，其轴心轨迹和相图也不是简单的椭圆形状。图 5-20 给出了橡胶轴承横向振动响应的速度时域曲线图和幅频图，从图 5-20(a) 可知速度响应和其位移响应的基本现象相同，高频成分是其响应中的主要频率成分，从图 5-20(b) 得知橡胶轴承的扭转方向的高频成分 1956.6Hz 非常明显，响应中的这些高频和橡胶轴承的扭转固有频率及其倍频相等。

图 5-21 为旋转频率为 0.8Hz 工况下，橡胶轴承扭转振动响应的角位移时域图、幅频图和相图。从其幅频图中能观察到非常明显的频率成分 1956.6Hz，其相图的轨迹在极限环内，其时域图也反映了系统的响应非单频周期运动，因为轴承扭转方向不仅受到摩擦力矩作用，还受到转子不平衡激励的影响。

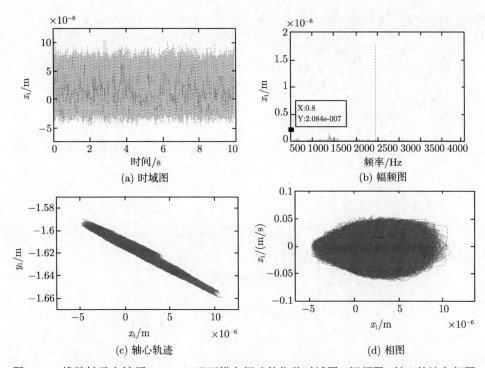

图 5-19　橡胶轴承在转频 0.8Hz 工况下横向振动的位移时域图、幅频图、轴心轨迹和相图

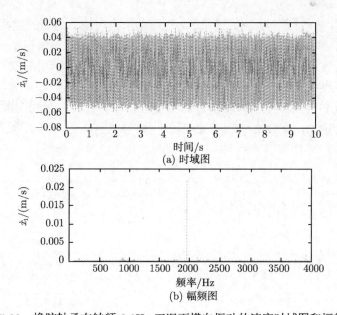

图 5-20　橡胶轴承在转频 0.8Hz 工况下横向振动的速度时域图和幅频图

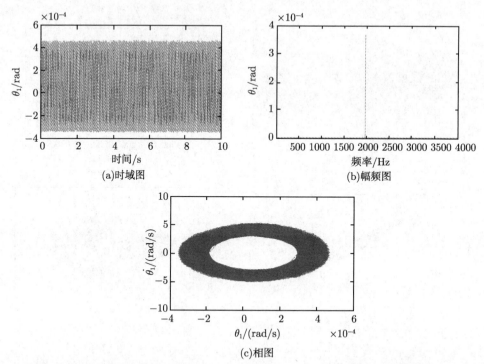

(a)时域图　　　　　　　　　　　　　　(b)幅频图

(c)相图

图 5-21　橡胶轴承在转频 0.8Hz 工况下扭转振动的角位移时域图、幅频图和相图

　　图 5-22 为旋转频率为 2Hz 工况下，橡胶轴承横向振动响应的位移时域图、幅频图、轴心轨迹和相图。由于摩擦力矩速度依赖特性产生的负阻尼小于转子–橡胶轴承系统扭转方向的阻尼，系统将不再出现自激振动现象。因此橡胶轴承响应的幅频图中只能观察到较明显的转频成分，其时域图中的曲线也很光滑，轴心轨迹和相图也呈现为简单的椭圆形状，这些都说明轴承上的响应为单频周期运动。为了进一步确认这种现象，图 5-23 给出了橡胶轴承横向振动响应的速度时域图和幅频图，也可得出相同结论。

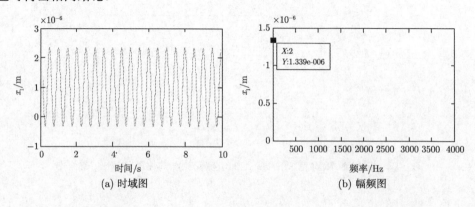

(a) 时域图　　　　　　　　　　　　　　(b) 幅频图

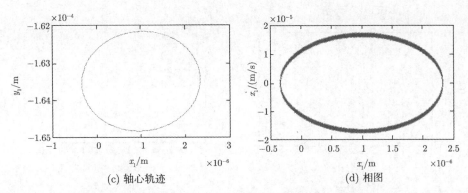

(c) 轴心轨迹　　　　　　　　　　(d) 相图

图 5-22　橡胶轴承在转频 2Hz 工况下横向振动的位移时域图、幅频图、轴心轨迹和相图

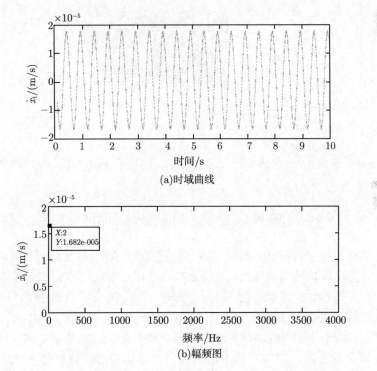

(a)时域曲线

(b)幅频图

图 5-23　橡胶轴承在转频 2Hz 工况下横向振动的速度时域图和幅频图

图 5-24 为旋转频率为 2Hz 工况下，橡胶轴承扭转振动的角位移时域图、幅频图和相图。从其幅频图中仅能观察到转频成分，其时域图中的曲线也很光滑振动，这均说明橡胶轴承的扭转方向在转频激励下做周期运动。

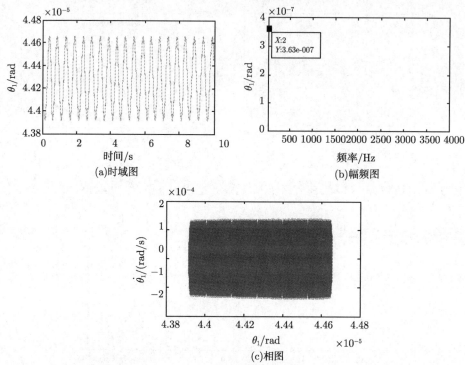

图 5-24   橡胶轴承在转频 2Hz 工况下扭转振动的角位移时域图、幅频图和相图

5.4   转子–橡胶轴承系统弯扭耦合振动特性主要影响因素

从上述分析中可以发现，由于摩擦力的速度依赖特性将会诱导转子–橡胶轴承系统扭转方向出现自激振动现象，从而激起与其扭转方向固有频率一致的频率。通过摩擦力和弯扭耦合的作用，系统横向与扭转方向的响应频率成分中，不仅都有不平衡激励的转频分量，还有与其扭转固有频率及其倍频一致的频率分量。影响转子–橡胶轴承系统响应特性以及自激振动形成条件的因素有很多，在上一章节中，通过分析发现偏心距和横向弯曲阻尼比对自激振动的形成条件基本没有影响，但会改变系统周期运动的稳定性，转子的扭转阻尼比和衰减系数可有效控制转子系统产生自激振动现象的转速范围。上述参数在本节不再做进一步的分析，本节将要分析橡胶轴承扭转阻尼比、静摩擦系数、转子质量等系统参数以及径向外载荷对系统响应特性和自激振动行为的影响。

5.4.1   橡胶轴承扭转阻尼比的影响

阻尼可有效地抑制系统振动响应，且其微小的变化都可能会引起系统的响应发生很大变化。现在将分析橡胶轴承扭转阻尼比对系统振动特性的影响,若将转子–橡胶轴承系统中轴承扭转阻尼比由 $\xi_{1t} = 0.01$ 增大到 $\xi_{1t} = 0.012$ 后,系统各个自由度方向上响应的三维谱图如图 5-25 和图 5-26 所示。

由图 5-25 和图 5-26 可知,在旋转频率 $\omega \leqslant 0.8\text{Hz}$ 的情况下,由于摩擦力矩的速度依赖特性诱导系统扭转方向产生自激振动,系统通过弯扭耦合激起弯曲方向相应的频率分量,且转子–橡胶轴承系统在弯曲和扭转方向的振动幅值随着转频的增大而逐渐增大。当旋转频率 $\omega > 0.8\text{Hz}$ 时,系统在不平衡力的激励下做单频周期运动,随着旋转频率的继续增大,横向振动幅值不断增大。通过与图 5-7、图 5-8、图 5-17 以及图 5-18 进行对比发现,由于橡胶轴承扭转阻尼比的增大,系统自激振动的转速范围有所减小。

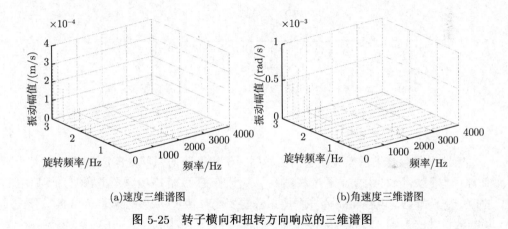

(a)速度三维谱图 (b)角速度三维谱图

图 5-25 转子横向和扭转方向响应的三维谱图

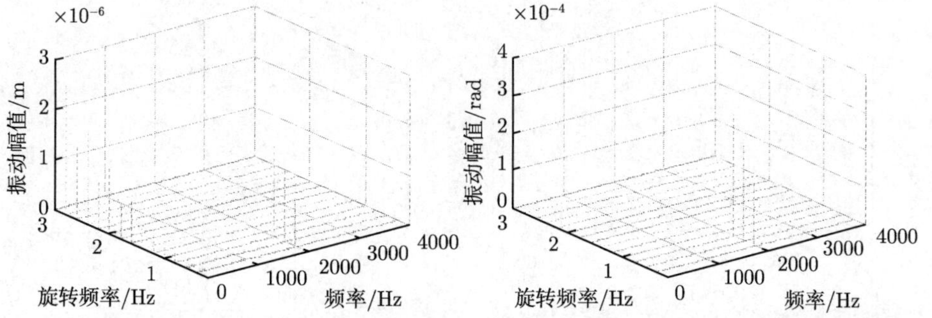

(a)位移三维谱图 (b)角位移三维谱图

图 5-26 橡胶轴承横向和扭转方向响应的三维谱图

图 5-27 给出了橡胶轴承扭转阻尼比和系统产生自激振动的临界旋转速度之间的关系。由图可以看出，橡胶轴承的扭转阻尼比越大，系统产生自激振动的转速范围就越小。说明橡胶轴承扭转阻尼比是影响转子–橡胶轴承系统在低转速条件下形成自激振动的一个重要系统参数，增大橡胶轴承扭转阻尼比可以有效地抑制转子–橡胶轴承系统自激振动的产生。

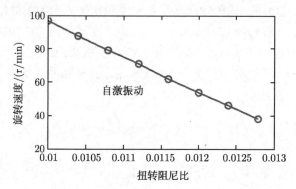

图 5-27　橡胶轴承扭转阻尼比和自激振动临界转速关系图

5.4.2　静摩擦系数的影响

当转子和橡胶轴承发生接触时，摩擦力学特性将对系统的响应特性有很大的影响。摩擦力学特性主要是通过摩擦力学模型来表现，静摩擦系数是摩擦力模型中的一个主要参数。现在将研究静摩擦系数的变化对转子–橡胶轴承系统弯扭耦合振动响应特性的影响。若将静摩擦系数由 $\mu_0 = 0.475$ 减小为 $\mu_0 = 0.4$ 后，系统各个自由度方向上响应的三维谱图如图 5-28 和图 5-29 所示。

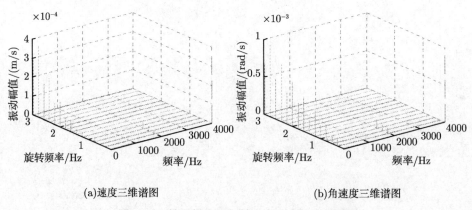

(a)速度三维谱图　　　　　　　　　　(b)角速度三维谱图

图 5-28　转子横向和扭转方向响应的三维谱图

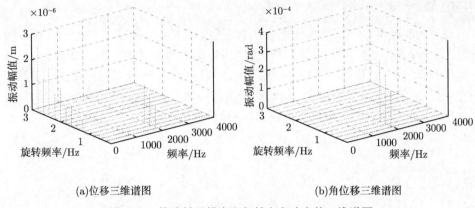

(a)位移三维谱图   (b)角位移三维谱图

图 5-29   橡胶轴承横向和扭转方向响应的三维谱图

由图 5-28 和图 5-29 可知，在旋转频率 $\omega \leqslant 0.8\text{Hz}$ 工况下，转子–橡胶轴承系统会产生自激振动，由于不平衡力和弯扭耦合的存在，系统横向与扭转方向的响应频率成分中，不仅都有不平衡激励的转频分量，还有与其扭转固有频率一致的频率分量，转子–橡胶轴承系统的振动幅值随着转频的增大而逐渐增大。当旋转频率 $\omega > 0.8\text{Hz}$ 时，系统做周期运动。通过与图 5-7、图 5-8、图 5-17 以及图 5-18 对比发现，由于静摩擦系数 μ_0 的减小，转子–橡胶轴承系统自激振动的转速范围缩小了。这说明静摩擦系数 μ_0 也是影响转子–橡胶轴承系统形成自激振动的一个重要系统参数。图 5-30 给出了静摩擦系数和系统产生自激振动的临界旋转速度之间的关系。由图可知，静摩擦系数越大，系统产生自激振动的转速范围就越大。因此，通过改善转子和橡胶轴承之间的摩擦状态，减小它们之间的静摩擦系数也是避免系统出现自激振动的一种有效方法。

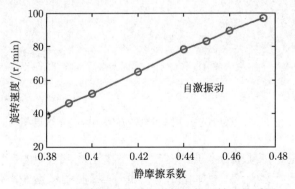

图 5-30   静摩擦系数和自激振动临界转速关系图

5.4.3　转子质量的影响

在重力的作用下，转子发生静变形并与橡胶轴承发生接触，这是转子–橡胶轴承发生自激振动的先行条件。转子质量的大小决定着摩擦力和摩擦力矩的大小，其一定会影响转子–橡胶轴承系统弯扭耦合振动响应特性，因此现在将研究转子质量的变化对系统响应特性的影响。若将转子质量由 $m = 426\text{kg}$ 减小为 $m = 383.4\text{kg}$ 时，系统各个自由度方向上响应的三维谱图如图 5-31 和图 5-32 所示。

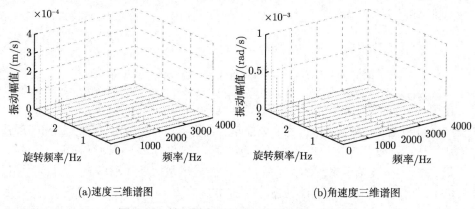

(a)速度三维谱图　　　　　　　　　　　(b)角速度三维谱图

图 5-31　转子横向和扭转方向响应的三维谱图

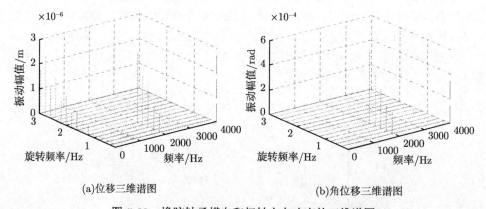

(a)位移三维谱图　　　　　　　　　　　(b)角位移三维谱图

图 5-32　橡胶轴承横向和扭转方向响应的三维谱图

由图可知，在旋转频率 $\omega \leqslant 1.2\text{Hz}$ 工况下，由于摩擦力矩的速度依赖特性产生的负阻尼的大小大于轴承扭转方向的阻尼，转子–橡胶轴承系统产生自激振动，激起与橡胶轴承扭转固有频率一致的频率，且系统的振动幅值随着转频的增大而逐渐增大。当旋转频率 $\omega > 1.2\text{Hz}$ 时，系统在不平衡力的激励下做周期运动，随着旋转频率的继续增大，横向振动幅值不断增大。通过对比发现，由于转子质量的减小，转子–橡胶轴承系统自激振动的转速范围缩小了。这说明转子质量也是影响转子–橡胶轴承系统形成自激振动的系统参数之一。

图 5-33 给出了转子质量和系统出现自激振动的临界旋转速度之间的关系，从图中可知，转子质量越大，系统形成自激振动的旋转速度范围就越大。那么，通过减轻转子质量来避免系统出现自激振动也是一种可选的方法。

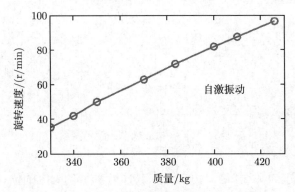

图 5-33 转子质量和自激振动临界转速关系图

5.4.4 径向外载荷的影响

从上述分析中得知，由于转子质量的增加引起径向载荷的增加，从而引起转子–橡胶轴承系统产生自激振动的转速范围发生变化。但上述系统不便于实现径向外载荷的施加和改变，为了进一步验证径向外载荷对系统动态响应特性的影响以及便于进行试验验证，本节将对如图 5-34 所示的转子–橡胶轴承系统进行理论仿真分析。转子的长度为 5.85m，弹性模量为 2.0×10^{11}Pa，转子由 3 个轴承支承，其中左端轴承为橡胶轴承。该橡胶轴承为板条式结构，由 13 个橡胶板条构成，橡胶板条的橡胶层被硫化在攻有螺孔的金属条上，并通过埋头螺丝固定于背衬上。橡胶层的材料为天然橡胶，长度为 1m，邵氏硬度为 75 度。橡胶轴承的内半径为 0.118m，外半径为 0.163m，橡胶轴承和转子之间的间隙为 5×10^{-4}m。在橡胶轴承的左端有一液压加载装置，由此装置实现径向外载荷的施加和改变，转子的载荷主要由最底面的橡胶板条来承受，且各板条之间相对独立。据此，将图 5-34 中的转子–橡胶轴承系统简化为如图 5-5 所示的单盘转子–橡胶轴承系统，经过对系统进行力学参数计算后，可得转子质量为 $m = 517$kg，转动惯量 $J = 6.3$kg · m^2，径向刚度 $k = 1.15 \times 10^6$N/m，扭转刚度 $k_t = 1.996 \times 10^6$ N · m/rad，橡胶板条的质量为 $m_1 = 3.45$kg，橡胶板条的转动惯量 $J_1 = 0.057\,85$kg · m^2，径向刚度 $k_1 = 2.32 \times 10^8$N/m，扭转刚度 $k_{1t} = 2.7977 \times 10^7$N · m/rad，其他主要系统参数如下：$k_r = 2.32 \times 10^8$N/m，$\alpha = \alpha_1 = 2.5 \times 10^7$N/m^2，$\delta = 5 \times 10^{-4}$m，$r = 0.118$m，$e =$

$5 \times 10^{-4}\mathrm{m}, \xi = 0.05, \xi_t = 0.03, \xi_1 = 0.1, \xi_{1t} = 0.0265$，静摩擦系数 $\mu_0 = 0.37$，库仑摩擦系数 $\mu_1 = 0.008$，衰减系数 $\lambda = 2$，则橡胶轴承扭振固有频率 $\omega_{t1} = 3500\mathrm{Hz}$。将系统参数代入式 (5-15) 中，利用四阶 Runge-Kutta 法行数值积分计算，将得到在不同径向外载荷条件下转子–橡胶轴承系统的动态响应特性。

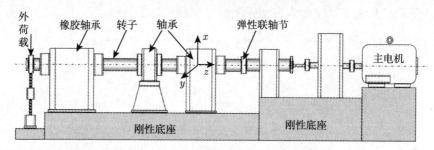

图 5-34   转子–橡胶轴承系统示意图

当径向外载荷 $F = 2.168 \times 10^4 \mathrm{N}$ 时，转子弯曲振动响应的位移和速度三维谱图如图 5-35 所示。从其位移三维谱图中只能观察到系统响应中的转频成分，且系统的响应幅值随着旋转速度的增大而不断变大。从其速度三维谱图中不仅能观察到转频成分随旋转速度增大的变化规律，还能观察到在旋转频率 $\omega \leqslant 0.8\mathrm{Hz}$ 的工况下，由于转子–橡胶轴承系统自激振动而激起与橡胶轴承固有频率一致的频率成分，且该频率成分的幅值随转频的增大也逐渐增大；当旋转频率 $\omega > 0.8\mathrm{Hz}$ 时，该频率成分就突然消失了。橡胶轴承横向响应的位移和速度三维谱图如图 5-36 中所示，从其位移三维谱图中也能观察到各频率成分随旋转速度变化的规律，以及系统产生自激振动的转频范围。从橡胶轴承横向响应的速度三维谱图中，可以很容易地观察到由于自激振动而引起的频率成分，也很方便地观察到系统产生自激振动的转速范围为 $\omega \leqslant 0.8\mathrm{Hz}$。

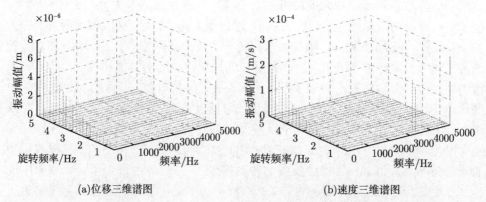

(a)位移三维谱图   (b)速度三维谱图

图 5-35   当外载荷 $F = 2.168 \times 10^4 \mathrm{N}$ 时转子弯曲响应的位移和速度三维谱图

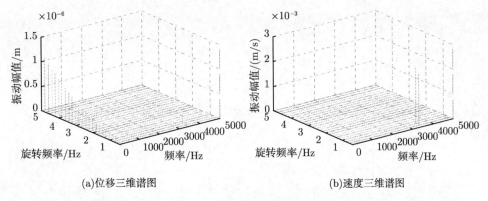

(a)位移三维谱图　　　　　　　　　　(b)速度三维谱图

图 5-36　当外载荷 $F = 2.168 \times 10^4$N 时橡胶轴承横向响应的位移和速度三维谱图

若将径向外载荷增大为 $F = 3.258 \times 10^4$N 时，橡胶轴承横向响应的位移和速度三维谱图将会如图 5-37 中所示。从其位移三维谱图中即能观察到转频成分幅值随旋转速度增大而不断变大，也能观察到由于自激振动引起的频率成分。从其速度三维谱图中只能观察到由于自激振动而引起的频率成分，且系统产生自激振动的转频范围扩大为 $\omega \leqslant 1.2$Hz。这说明随着径向外载荷的增大，系统产生自激振动的转速范围变大了。

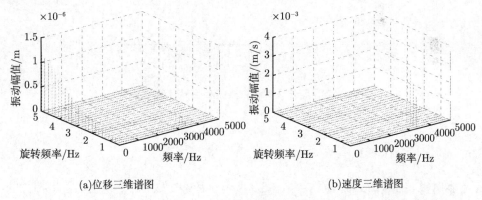

(a)位移三维谱图　　　　　　　　　　(b)速度三维谱图

图 5-37　当外载荷 $F = 3.258 \times 10^4$N 时橡胶轴承横向响应的位移和速度三维谱图

若将径向外载荷继续增大为 $F = 4.799 \times 10^4$N 时，橡胶轴承横向响应的位移和速度三维谱图将会如图 5-38 所示。从其三维谱图中发现，由于径向外载荷的增大，系统产生自激振动的转频范围扩大为 $\omega \leqslant 1.4$Hz。为了便于了解径向外载荷和系统产生自激振动的转速范围的关系，图 5-39 给出了转子–橡胶轴承系统发生自激振动的临界转速和径向外载荷之间的关系。从图中可知，确如上述分析，随着径向外载荷的增大，转子–橡胶轴承系统能够产生自激振动的转速范围在不断增大。

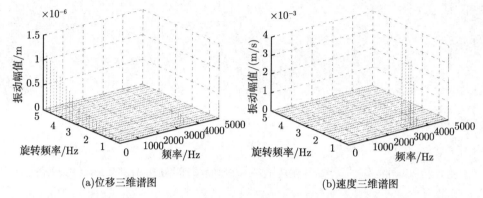

(a)位移三维谱图　　　　　　　　　　(b)速度三维谱图

图 5-38　当外载荷 $F = 4.799 \times 10^4$N 时橡胶轴承横向响应的位移和速度三维谱图

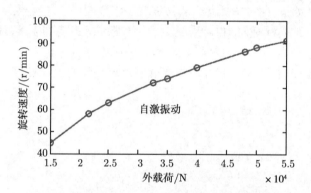

图 5-39　径向外载荷和自激振动临界转速关系图

5.5　本章小结

　　本章以转子–橡胶轴承系统为研究对象,考虑橡胶轴承的非线性以及摩擦力的速度依赖性,建立了不平衡力激励下的转子–橡胶轴承系统弯扭耦合非线性动力学微分方程,应用数值积分方法分析了在摩擦力作用下系统的弯扭耦合振动特性,并研究了系统参数 —— 橡胶轴承扭转阻尼比、静摩擦系数、转子质量以及径向外载荷对系统动力学特性的影响。通过对转子–橡胶轴承系统各方向上响应的三维谱图、时域曲线图、幅频图、轴心轨迹和相图分析,可以得出如下结论。

　　(1) 在较低旋转频率的工况下,由于摩擦力的速度依赖特性将诱导转子–橡胶轴承系统扭转方向产生自激振动现象,激起与橡胶轴承扭转方向固有频率一致的频率。在不平衡激励力以及弯扭耦合共同作用下,系统各方向上的响应频率成分中，不仅有转频成分，还有与橡胶轴承扭转固有频率及倍频一致的频率成分。系统的响应幅值随转频的上升而增大，并在某一转频后自激振动突然消失并引起系统响应幅值的减小，系统响应转变为周期运动形式存在。随着转频的继续上升，横向和扭转方向的响应幅值也持续增大。

(2) 橡胶轴承扭转阻尼比、静摩擦系数、转子质量以及径向外载荷均是影响转子-橡胶轴承系统响应特性和自激振动形成条件的重要参数。经分析发现增大橡胶轴承扭转阻尼比、减小静摩擦系数、减小转子质量和减小径向外载荷能有效缩小转子-橡胶轴承系统产生自激振动现象的转速范围。因此，可通过增大橡胶轴承扭转阻尼比、减小静摩擦系数、减小转子质量和减小径向外载荷，来改善转子-橡胶轴承系统在低速重载等工况下出现异常高频振动噪声的问题。

第6章　转子－橡胶轴承系统试验研究

　　在工程实际应用中，转子-橡胶轴承系统在无明显外激励条件下，系统仍可能在低速运行、启动或是停机等工况下出现异常振动噪声。为了解释这些现象，本章将针对转子-橡胶轴承系统的横向弯曲振动和扭转振动进行试验研究。内容涉及试验目的和内容，试验装置和试验方案的设计以及试验结果的分析。通过对试验数据的分析，发现了低转速下异常自激振动现象以及径向外载荷对系统形成自激振动的影响，验证了理论分析结果，为设计橡胶轴承及改善橡胶轴承振动噪声性能提供参考依据。

　　在一些恶劣的环境下，橡胶轴承有其无可比拟的优越性，尤其在有水的环境中，橡胶轴承是最适宜的轴承之一[9, 155]。因此，国内外船舶和深井泵等设备中大量使用了橡胶轴承。但是，转子-橡胶轴承系统在无明显外激励条件下，系统仍可能在低速重载运行、启动或是停机等工况下出现异常振动噪声，严重影响系统的整体性能。为了解决转子-橡胶轴承系统运转时出现的这种问题，首要环节应该是有效而准确地对异常振动噪声做出测量和分析。目前，对旋转机械振动信号的测量大多是非接触式的位移测量系统，且常用电涡流传感器进行测量，但是这些测量系统用于对转子-橡胶轴承系统高频振动特性的测量存在先天缺陷。为了解决这一疑难问题，本章将通过采用 KMT MT32 遥测系统和加速度传感器等设备，实现对转子-橡胶轴承系统高频振动信号的采集。

　　前面四章分别对系统参数——旋转速度、阻尼比、非线性刚度系数、刚度系数、偏心率、摩擦力模型中的衰减系数、转子半径等和质量以及径向外载荷等对转子-橡胶轴承系统动力学特性的影响进行了理论研究和数值分析。本章将以转子-橡胶轴承系统为研究对象，对系统进行相关的试验分析和研究，揭示低转速下系统异常振动现象，验证理论分析结果，从而为设计橡胶轴承以及提高橡胶轴承振动噪声性能提供参考依据。

6.1　试验目的和内容

　　试验研究的主要目的是为了进一步认识转子-橡胶轴承系统的非线性动力学特性，验证系统在低旋转速度工况下会出现异常振动噪声现象以及径向外载荷对系统产生自激振动转速范围的影响，探索转子-橡胶轴承系统的振动测试方法，探讨转子–橡胶轴承系统中高频信号的检测与处理方案，为改善转子–橡胶轴承系统的振动噪声性能提供参考依据。

试验研究的主要内容包括以下几个方面。

(1) 针对转子–橡胶轴承系统的结构特点，拟定合理有效的振动测试方案，选择合适的试验仪器。分别以电涡流位移传感器和加速度传感器对转子–橡胶轴承系统进行振动特性测试和分析，检测和处理系统高频和低频振动信号，评估系统的动力学特性。

(2) 测试不同旋转速度工况下系统的振动响应特性，揭示系统产生的自激振动现象，激起和橡胶轴承扭转固有频率相一致的高频成分，并通过弯扭耦合作用激起弯曲方向相应频率成分的响应。

(3) 针对径向外载荷对系统动态特性的影响，选用便于施加径向载荷的试验系统，分别测得不同径向外载荷下系统的振动响应特性，给出不同载荷下系统产生自激振动的转速范围，验证理论分析结果。

6.2　试验装置和仪器

6.2.1　试验台的组成和试验流程

试验系统实物图如图 6-1 所示。试验台的一些辅助设备如图 6-2 所示。

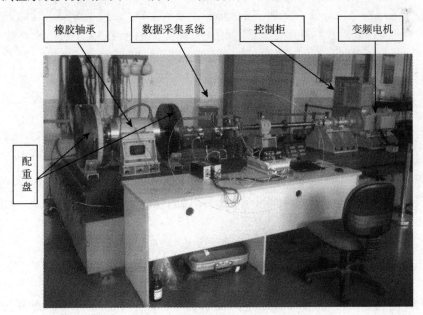

图 6-1　转子–橡胶轴承动态特性测试系统照片

(a)冰箱　　　　　　　　　　　　　　　　(b)控制柜

图 6-2　试验台辅助设备

通过上述试验系统的实物图可知试验台的组成。30kW 直流电机固定在试验台上，并通过弹性联轴器和转子连接，带动转子系统转动，电机带动转子系统可实现的最高旋转速度达 1000r/min。

转子通过两个滚珠轴承支承，轴承安装在轴承支架上，轴承支架通过地脚螺栓与试验台连接。润滑水的进水管与橡胶轴承支架上部的导水孔相连通，水泵放置在储水箱内，水泵和进水管相连并向橡胶轴承提供润滑液体，回水管和橡胶轴承支架下部的泄水管相连并将润滑液体回到储水箱内。转子的材料为 45 号钢，整体长度为 3m，弹性模量为 2.0×10^{11}Pa，材料密度为 7800kg/m^3；橡胶轴承橡胶层的材料为丁腈橡胶，长度为 0.3m，材料密度为 1420kg/m^3。

控制柜控制整个试验台的运行，控制柜界面显示的参数包括励磁电压、电流、功率以及转子的旋转速度等，以便操作者能时刻监视整个试验台系统的运作状况。当进行试验时，首先打开电源，给控制柜和水泵进行供电，水泵会自动运行给水润滑橡胶轴承提供润滑液体，同时也起到冷却作用。通过控制柜，启动电机，通过旋转旋钮来控制转子系统的旋转速度。

6.2.2　测量系统

本试验所用到的试验设备主要包括：KMT MT32 遥测系统、加速度传感器、WT0110 电涡流传感器、WT0182 电涡流适调器、低噪声线缆、DH5922 数据采集系统和数据信号分析装置。

　　试验系统的振动测试点和传感器布置情况如图 6-3 所示。在系统的垂直和水平方向上各装有一只电涡流位移传感器用于测量转子系统垂直和水平方向上的位移信号以及轴心轨迹。加速度传感器被安装在转子上，其示意图如图 6-4 所示。通过加速度传感器一个垂直方向的信号用于测量转子横向弯曲振动，通过加速度传感器中的两路信号用于测量转子两侧的切向振动，将这两个切向振动信号进行相减运算，抵消弯曲振动信号的影响，将得到转子扭转方向的振动信号。加速度传感器是通过胶水黏附在转子上并用胶带加以固定，确保在运转的过程中传感器不会松动。

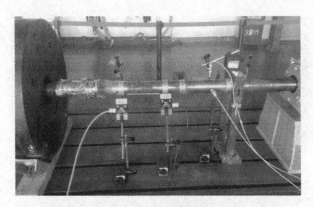

图 6-3　电涡流传感器和加速度传感器布置图

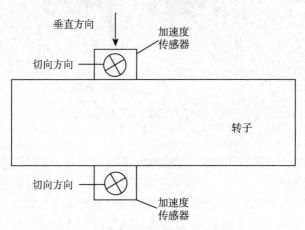

图 6-4　加速度传感器布置示意图

　　对于旋转机械而言，采用非接触式的传感器测量转子系统的响应特性是非常方便的。但是，诸如电涡流位移传感器对于高频信号却很不敏感，很难准确测得，虽然加速度传感器对高频信号很敏感，但很难实现非接触式的测量。因此，本书将采用 KMT MT32 遥测系统来实现非接触采集高频的加速度信号。KMT MT32 遥测系统的采集模块和供电模块被固定在转子系统上,其效果图如图 6-5 所示。遥测系统主要由编码器、发射模块、电源模块、信号调理模块、电源发生器、电源、信号拾取器和信号接收器组成。电源通过电源发生器给整个系统和加速度传感器供电,加速度传感器将转子振动信号传输给信号调理模块,经由编码器的处理后由发射模块和信号拾取器将信号传输到接收器。其中电源的供应和信号的拾取都是通过电磁感应来实现的,所以在电磁感应的区域应避免其他电磁场的出现,以确保拾取的信号真实和稳定。

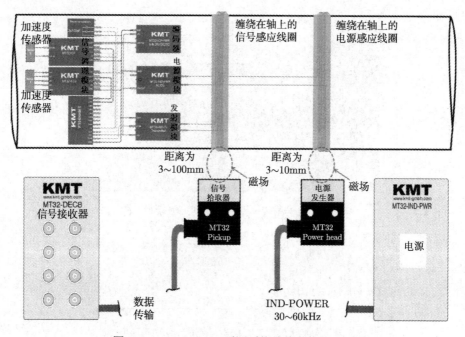

图 6-5　KMT MT32 遥测系统总体安装效果图

转子-橡胶轴承系统振动测试示意框图如图 6-6 所示。通过用磁性座将电涡流传感器固定在试验台架上,用于测量转子系统横向振动信号,振动信号由电涡流前置放大器放大后再由低噪声线缆输送到 DH5922 数据采集系统。而加速度传感器是直接黏附在转子上,用于测量转子-橡胶轴承系统加速度振动信号,加速度传感器由 KMT MT32 遥测系统供电,并由其将测量到的振动信号传输到 DH5922 数据采集系统中。数据采集分析系统和软件将对从 DH5922 数据采集系统传输来的信号进行采集和分析,将得到在不同旋转速度条件下转子-橡胶轴承系统的动态响应特性。

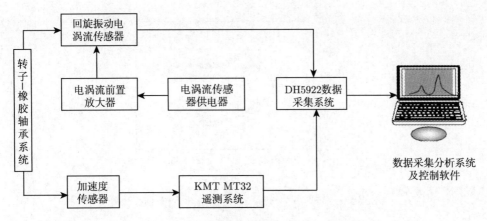

图 6-6 转子–橡胶轴承系统振动测试示意框图

6.3 试验结果和分析

通过控制柜调节转子–橡胶轴承系统的旋转速度，由测试系统测得不同旋转速度下系统的位移和加速度信号，其中采样频率为 12.8kHz。

当转子–橡胶轴承系统的旋转速度 $\omega = 45\text{r/min}$ 时，图 6-7～图 6-10 分别为转子系统的横向弯曲响应位移时域波形和幅频图、轴心轨迹、横向响应的加速度时域波形和幅频图、扭转振动响应的加速度时域波形和幅频图。从图 6-7 中观察到转子–橡胶轴承系统振动响应的频率成分中只有转频成分，并不能找到鸣音谱中所对应的高频成分。通过分析图 6-9 中的时域波形图和幅频图，可以发现在系统的响应频率成分中，不仅有转频成分，还有较明显的 1963Hz 高频成分。从图 6-10 中可得知，转子系统扭转方向响应频率成分中主要为鸣音所在的高频 1963Hz 及其倍频

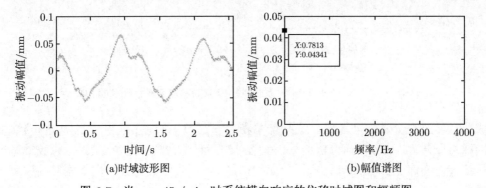

(a)时域波形图　　　　　　　　　　(b)幅值谱图

图 6-7 当 $\omega = 45\text{r/min}$ 时系统横向响应的位移时域图和幅频图

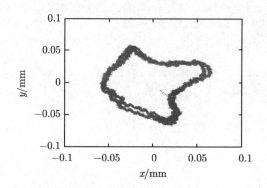

图 6-8　旋转速度为 45r/min 时系统响应的轴心轨迹

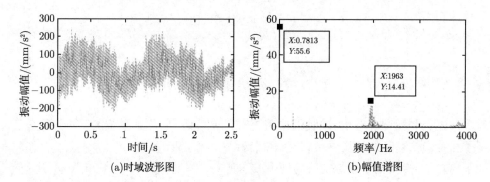

(a)时域波形图　　　　　　　　　　　　(b)幅值谱图

图 6-9　当 $\omega = 45\text{r/min}$ 时系统横向响应的加速度时域图和幅频图

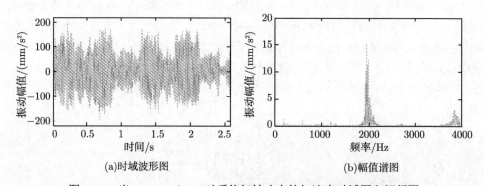

(a)时域波形图　　　　　　　　　　　　(b)幅值谱图

图 6-10　当 $\omega = 45\text{r/min}$ 时系统扭转响应的加速度时域图和幅频图

成分，转频成分基本被淹没。这些现象和上一章节中的理论分析结论基本一致。因此可以认为，确如理论分析结果，系统中的高频鸣音成分是由于转子-橡胶轴系统扭转方向产生自激振动引发，通过弯扭耦合作用也激起弯曲方向上相应的频率成分。

当转子-橡胶轴承系统的旋转速度 $\omega = 70\text{r/min}$ 时，图 6-11～ 图 6-14 分别为

转子–橡胶轴承系统横向弯曲振动响应的位移时域波形和幅频图、轴心轨迹、横向振动响应的加速度时域波形和幅频图、扭转振动响应的加速度时域波形和幅频图。通过和图 6-7～图 6-10 对比可以发现，由于旋转速度的增大，引起系统弯曲振动的位移和加速度信号及其扭转振动信号都趋于平稳，系统的响应频率成分中主要以旋转频率及其倍频成分为主。这表明随着旋转速度的增加，转子和橡胶轴承间的摩擦力逐渐减小，由于摩擦力速度依赖特性引起的负阻尼也逐渐减小，系统不会在扭转方向上产生自激振动。因此，在较高旋转速度的条件下，高频鸣音现象将不会出现。

为了进一步证实上述观点，现在将系统的旋转速度增加为 $\omega = 300\text{r/min}$，此时转子–橡胶轴承系统横向弯曲振动响应的位移时域波形和幅频图、轴心轨迹、横向振动响应的加速度时域波形和幅频图、扭转振动响应的加速度时域波形和幅频图分别如图 6-15～图 6-18 所示。从这些图中可得知，在 $\omega = 300\text{r/min}$ 工况下，系统的响应频率成分中确实也没出现高频成分。通过和图 6-11～图 6-14 对比可以发现，随着旋转速度的继续增加，转频及其倍频的振动幅值逐渐增大。

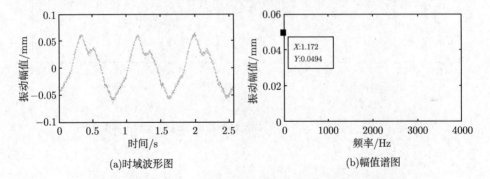

(a)时域波形图   (b)幅值谱图

图 6-11 当 $\omega = 70\text{r/min}$ 时系统横向响应的位移时域图和幅频图

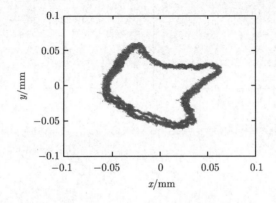

图 6-12 旋转速度为 70r/min 时系统响应的轴心轨迹

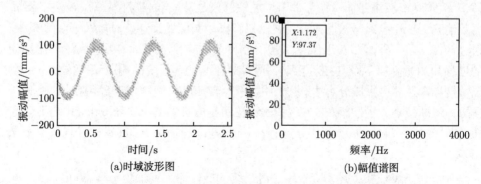

(a)时域波形图　　　　　　　　　　　(b)幅值谱图

图 6-13　当 $\omega = 70\mathrm{r/min}$ 时系统横向响应的加速度时域图和幅频图

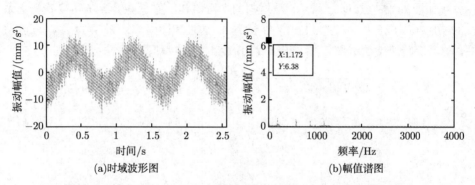

(a)时域波形图　　　　　　　　　　　(b)幅值谱图

图 6-14　当 $\omega = 70\mathrm{r/min}$ 时系统扭转响应的加速度时域图和幅频图

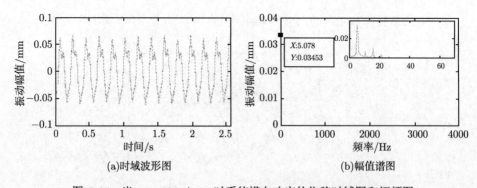

(a)时域波形图　　　　　　　　　　　(b)幅值谱图

图 6-15　当 $\omega = 300\mathrm{r/min}$ 时系统横向响应的位移时域图和幅频图

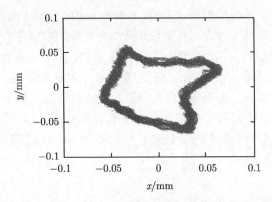

图 6-16 旋转速度为 300r/min 时系统响应的轴心轨迹

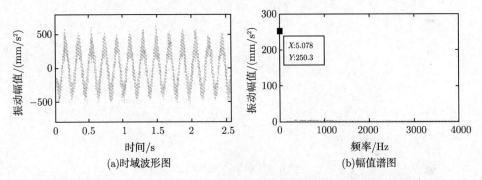

(a)时域波形图 (b)幅值谱图

图 6-17 当 $\omega = 300$r/min 时系统横向响应的加速度时域图和幅频图

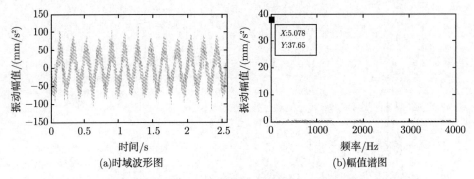

(a)时域波形图 (b)幅值谱图

图 6-18 当 $\omega = 300$r/min 时系统扭转响应的加速度时域图和幅频图

通过试验分析,转子-橡胶轴承系统横向弯曲振动和扭转振动的三维谱图如图 6-19~图 6-21 所示,它们给出了系统振动响应特性随旋转速度增大的变化规律。从图 6-19 和图 6-20 中可以发现,在较低旋转速度 $\omega = 45$r/min 情况下,在系统的响应频率成分中，不仅有转频成分，还有较明显的 1963Hz 高频成分。当旋转速度大于该速度后，高频成分将不再出现，系统的响应频率成分中主要为转频成分，且转频成分的幅值随着旋转速度的增大而不断增加。为了更方便地观察低频状况，将转子横向弯曲振动响应位移三维谱图的观察频率限定在 0 ~ 22Hz 范围内，如图 6-21 所示。从图中可知，转子的横向弯曲振动响应位移信号谱中，不仅有转频，还有转频的倍频成分，这和第 4 章中的分析结果基本相同，这验证了理论分析结果。系统的响应频率成分中出现转频的倍频成分主要是由转子–橡胶轴承系统的非线性因素引起的。

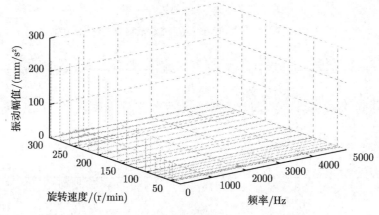

图 6-19　转子系统横向弯曲振动三维谱图

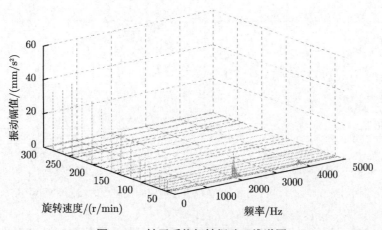

图 6-20　转子系统扭转振动三维谱图

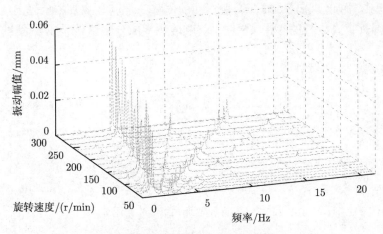

图 6-21 转子系统横向弯曲振动三维谱图 (0～22 Hz)

6.4 径向外载荷对系统响应特性的影响

基于理论分析和上述试验分析，说明转子–橡胶轴承系统中出现高频振动现象是由系统扭转方向产生自激振动引起，通过弯扭耦合作用，激起弯曲方向上相应的频率成分。在上一章的理论分析中指出径向外载荷是影响系统产生自激振动的一个主要因素，为了验证这些结论，本节将对上一章中转子–橡胶轴承系统 (图 5-34) 进行试验分析。

试验系统是被固定在刚性底座上，如图 6-22 所示，轴系由轴承支承，橡胶轴承在轴系的左端，主电机在右端带动轴系运转。在橡胶轴承的左端有一液压加载装置，由此装置实现径向外载荷的施加和改变。在橡胶轴承的右端布置两个电涡流位移传感器用于测量轴系的垂直位移信号和水平位移信号以及其轴心轨迹。在橡胶轴承外壳上布置加速度传感器用于测量转子–橡胶轴承系统垂直和水平方向的加速度振动信号。数据采集分析系统和软件对各路响应信号进行采集和分析，将得到在不同工况下转子–橡胶轴承系统的动态响应特性。转子的长度为 5.85m，弹性模量为 2.0×10^{11}Pa；橡胶轴承橡胶层的材料为天然橡胶，长度为 1m，邵氏硬度为 75 度。

通过控制柜控制系统的旋转速度，通过液压加载装置实现不同外载荷的施加，由测试系统测得不同工况下系统的位移和加速度信号，其中采样频率为 12.8kHz。

当转子–橡胶轴承系统的旋转速度 $\omega = 60$r/min，外载荷 $F = 2.168 \times 10^4$N 时，在试验系统中，转子横向弯曲振动响应的位移时域波形图、幅频图、轴心轨迹以及橡胶轴承壳上水平和垂直方向上响应的加速度时域波形图和幅频图如图 6-23～

图 6-25 所示。在此工况下，转子弯曲振动的位移信号以及橡胶轴承壳上加速度信号都没有高频鸣音成分的存在，弯曲位移响应频率成分中以转频成分为主。

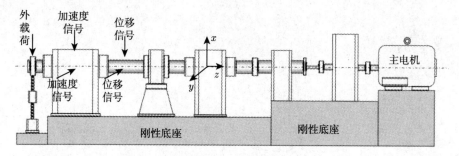

图 6-22　转子–橡胶轴承系统试验台示意图

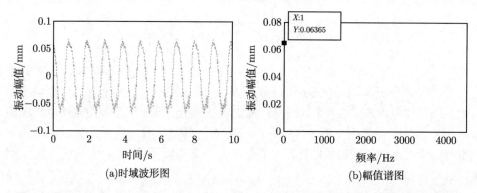

(a)时域波形图　　　　　　　　(b)幅值谱图

图 6-23　当 $\omega = 60\text{r/min}$ 和 $F = 2.168 \times 10^4\text{N}$ 时系统横向响应的位移时域图和幅频图

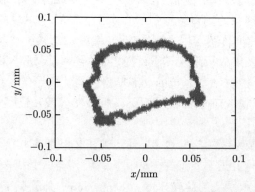

图 6-24　当 $\omega = 60\text{r/min}$ 和 $F = 2.168 \times 10^4\text{N}$ 时系统响应的轴心轨迹

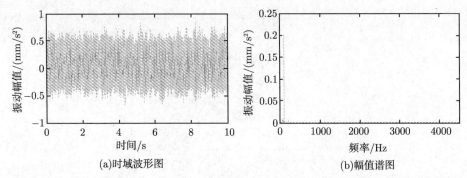

(a)时域波形图 (b)幅值谱图

图 6-25 当 $\omega = 60\text{r/min}$ 和 $F = 2.168 \times 10^4\text{N}$ 时系统加速度信号的时域图和幅频图

在保持转子–橡胶轴承系统旋转速度 $\omega = 60\text{r/min}$ 不变的情况下,将系统的径向外载荷增大为 $F = 3.258 \times 10^4\text{N}$ 时,转子横向弯曲振动响应的位移时域波形图、幅频图、轴心轨迹以及橡胶轴承壳上水平和垂直方向上响应的加速度时域波形图和幅频图将如图 6-26~ 图 6-28 所示。通过与图 6-23~ 图 6-25 对比发现,由于外载荷的增加,在加速度信号频率成分中,即由偏心力引起的转频成分也有非常明显的 3500Hz 左右高频成分。这是因为径向外载荷增大引起摩擦力和摩擦力矩增大,从而导致由摩擦力矩的速度依赖特性而产生的负阻尼模变大,使得转子–橡胶轴承系统产生自激振动现象,激起与橡胶轴承扭转固有频率一致的 3500Hz 频率。

若在径向外载荷 $F = 3.258 \times 10^4\text{N}$ 不变的情况下,将旋转速度增大为 $\omega = 80\text{r/min}$ 时,试验系统中转子横向弯曲振动响应的位移时域波形图、幅频图、轴心轨迹以及橡胶轴承壳上水平和垂直方向上响应的加速度时域波形图和幅频图将如图 6-29~ 图 6-31 所示。通过与图 6-26~ 图 6-28 对比发现,由于旋转速度的增大,加速度信号频率成分中的高频成分又消失了。这是由于旋转速度增大,摩擦力矩速度依赖特性引起的负阻尼模减小,且该负阻尼的模小于系统阻尼,致使自激振动无法产生。

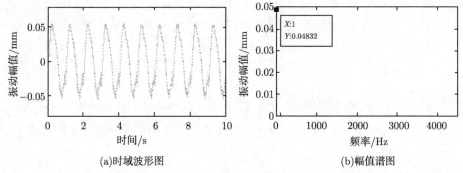

(a)时域波形图 (b)幅值谱图

图 6-26 当 $\omega = 60\text{r/min}$ 和 $F = 3.258 \times 10^4\text{N}$ 时系统横向响应的位移时域图和幅频图

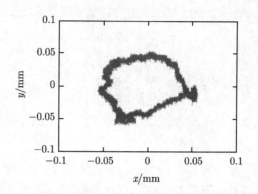

图 6-27　当 $\omega = 60\mathrm{r/min}$ 和 $F = 3.258 \times 10^4\mathrm{N}$ 时系统响应的轴心轨迹

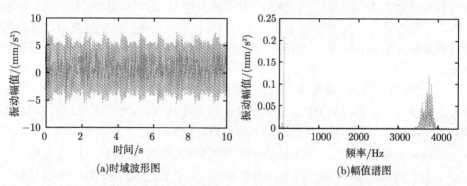

(a)时域波形图　　　　　　　　　　　　　　　(b)幅值谱图

图 6-28　当 $\omega = 60\mathrm{r/min}$ 和 $F = 3.258 \times 10^4\mathrm{N}$ 时系统加速度信号的时域图和幅频图

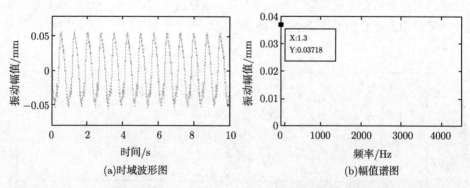

(a)时域波形图　　　　　　　　　　　　　　　(b)幅值谱图

图 6-29　当 $\omega = 80\mathrm{r/min}$ 和 $F = 3.258 \times 10^4\mathrm{N}$ 时系统横向响应的位移时域图和幅频图

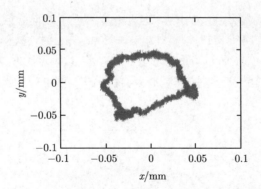

图 6-30 当 $\omega = 80\text{r/min}$ 和 $F = 3.258 \times 10^4\text{N}$ 时系统响应的轴心轨迹

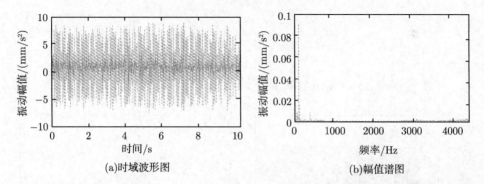

(a)时域波形图   (b)幅值谱图

图 6-31 当 $\omega = 80\text{r/min}$ 和 $F = 3.258 \times 10^4\text{N}$ 时系统横向响应的加速度时域图和幅频图

在保持转子–橡胶轴承系统旋转速度 $\omega = 80\text{r/min}$ 不变的情况下,将系统的径向外载荷增大到 $F = 4.799 \times 10^4\text{N}$ 时,试验系统的动态响应特性将如图 6-32~图 6-34 所示。通过与图 6-29~图 6-31 对比发现,由于径向外载荷的增加,加速度信

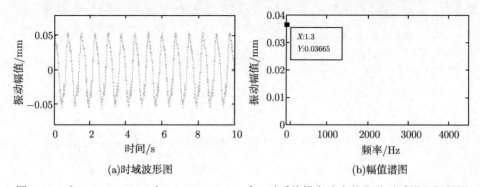

(a)时域波形图   (b)幅值谱图

图 6-32 当 $\omega = 80\text{r/min}$ 和 $F = 4.799 \times 10^4\text{N}$ 时系统横向响应的位移时域图和幅频图

号频率成分中的高频成分再次出现，这进一步验证了径向外载荷对自激振动的影响。若在此工况下，将旋转速度增大为 $\omega = 200\text{r/min}$ 时，试验系统的动态响应特性将如图 6-35～图 6-37 所示。通过与图 6-32～图 6-34 对比发现，由于旋转速度的增加，加速度信号频率成分中的高频成分再次消失，这也进一步验证了旋转速度对自激振动的影响。

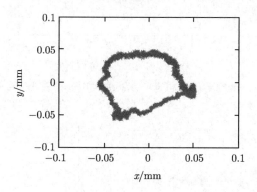

图 6-33　当 $\omega = 80\text{r/min}$ 和 $F = 4.799 \times 10^4\text{N}$ 时系统响应的轴心轨迹

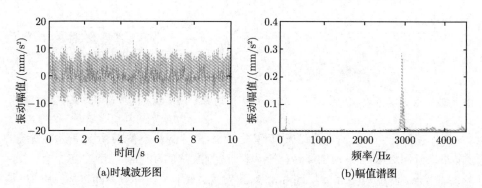

(a)时域波形图　　　　　　　　　　　　　　(b)幅值谱图

图 6-34　当 $\omega = 80\text{r/min}$ 和 $F = 4.799 \times 10^4\text{N}$ 时系统横向响应的加速度时域图和幅频图

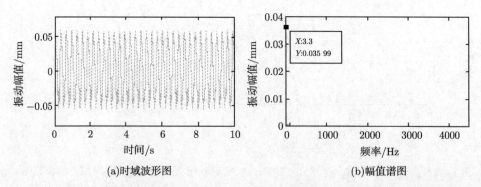

(a)时域波形图　　　　　　　　　　　　　　(b)幅值谱图

图 6-35　当 $\omega = 200\text{r/min}$ 和 $F = 4.799 \times 10^4\text{N}$ 时系统横向响应的位移时域图和幅频图

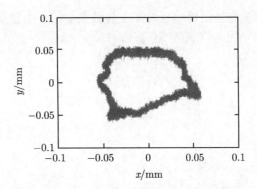

图 6-36 当 $\omega = 200\text{r/min}$ 和 $F = 4.799 \times 10^4\text{N}$ 时系统响应的轴心轨迹

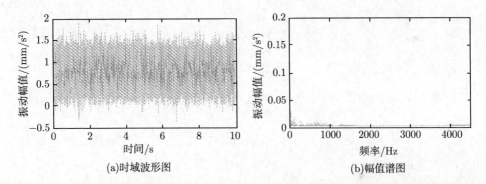

(a)时域波形图 (b)幅值谱图

图 6-37 当 $\omega = 200\text{r/min}$ 和 $F = 4.799 \times 10^4\text{N}$ 时系统横向响应的加速度时域图和幅频图

为了更全面有效地观察径向外载荷和旋转速度对转子–橡胶轴承系统响应特性的影响,在不同径向外载荷工况下,橡胶轴承壳上加速度信号的三维谱图如图 6-38～ 图 6-40 所示。图 6-38 说明了当径向外载荷 $F = 2.168 \times 10^4\text{N}$ 时,在旋转速度 $\omega > 50\text{r/min}$ 工况下,系统的响应频率成分中没有鸣音所对应的高频成分。而当旋转速度为 $\omega \leqslant 50\text{r/min}$ 时,在系统响应中出现了自激振动现象,从而激起与橡胶轴承固有频率一致的高频成分。若将径向外载荷增加到 $F = 3.258 \times 10^4\text{N}$ 时,系统各旋转速度下的幅频特性如图 6-39 所示,可以发现在旋转速度 $\omega \leqslant 70\text{r/min}$ 时,在系统响应频率成分中,不仅有转频成分,还有较明显的 3500Hz 左右的高频成分。但当旋转速度大于该转速后,高频成分就不存在了。若将径向外载荷继续增加为 $F = 4.799 \times 10^4\text{N}$ 时,系统各旋转速度下的幅频特性如图 6-40 所示,可以发现系统响应频率成分中存在高频成分的旋转速度范围扩大为 $\omega \leqslant 80\text{r/min}$。从上述分析中可知,在低速重载工况下转子–橡胶轴承系统将会出现自激振动现象,并激起与橡胶轴承扭转固有频率一致的频率成分。径向载荷的增大,使得转子–橡胶轴承系统产生自激振动的转速范围扩大了,说明径向外载荷是影响系统形成自激振动的一个条件。旋转速度也是影响系统产生自激振动的一个重要参数, 系统只有在较低的旋转速度条件下才会激起高频成分。

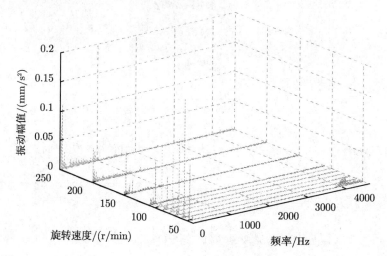

图 6-38   当外载荷 $F = 2.168 \times 10^4$N 时橡胶轴承壳上振动响应的三维谱图

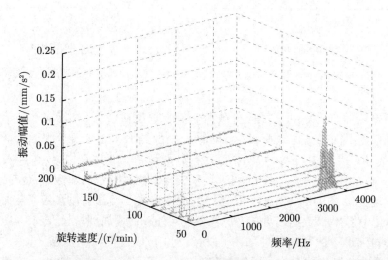

图 6-39   当外载荷 $F = 3.258 \times 10^4$N 时橡胶轴承壳上振动响应的三维谱图

上述试验中的现象和规律和上一章中理论分析相同。为了更有效地说明试验分析结果可以验证理论分析结果, 图 6-41 给出了转子–橡胶轴承系统发生自激振动的临界转速和径向载荷大小关系图, 并对试验分析结果和理论分析结果进行了对比。从图中可知, 试验分析结果和理论分析结果基本一致。随着径向外载荷增大, 系统产生自激振动的转速范围不断扩大。说明理论分析中的模型简化合理且分析方法和手段有效,这为设计橡胶轴承以及有效避免转子-橡胶轴承系统出现高频噪声现象提供了理论基础和参考依据。

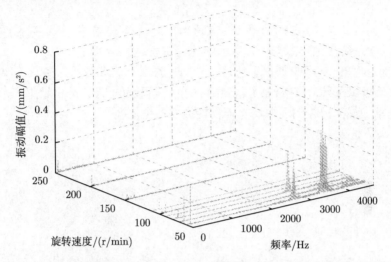

图 6-40 当外载荷 $F = 4.799 \times 10^4$ N 时橡胶轴承壳上振动响应的三维谱图

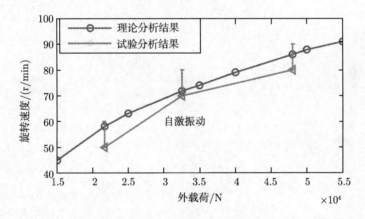

图 6-41 径向外载荷和自激振动临界转速关系曲线仿真值和试验值对比图

6.5 本章小结

旋转机械系统振动特性的测试和分析是研究转子-橡胶轴承系统和其他动力机械不可忽视的重要组成部分。通过本章分析研究,可以得出如下几条结论。

(1) 在较低旋转速度工况下,由于摩擦力的速度依赖特性引起转子-橡胶轴承系统扭转方向产生自激振动,激起与橡胶轴承扭转固有频率一致的频率成分。

(2) 随着转子系统旋转速度的升高，自激振动现象将不再出现，由于转子–橡胶轴承系统的非线性因素，引起系统响应频率成分中不仅有转频还有转频的倍频成分。

(3) 径向外载荷是影响系统形成自激振动的一个重要条件，径向载荷越大，转子–橡胶轴承系统产生自激振动现象的转速范围就越大。

(4) 通过对转子–橡胶轴承系统进行相关的试验研究和分析，揭示了低转速下异常振动现象以及异常转频倍频成分出现的原因，验证了理论分析结果，从而为设计橡胶轴承和提高橡胶轴承振动噪声性能提供参考依据。

参 考 文 献

[1] Peng E G, Liu Z L, Tian Y Z, et al. Experimental study on friction-induced vibration of water-lubricated rubber stern bearing at low speed[J]. Applied Mechanics and Materials, 2010, 44: 409-413.

[2] Peng E G, Liu Z L, Lan F, et al. Research on noise generation mechanism of rubber material for water-lubricated bearings[J]. Applied Mechanics and Materials, 2011, 84: 539-543.

[3] Jin Y, Zheng L L. The experimental modal analysis of water-lubricated rubber stern bearing[J]. Applied Mechanics and Materials, 2011, 66: 1663-1667.

[4] Orndorff R L, Finck D G. New design, cost-effective, high performance water-lubricated bearings proceedings of the warship-international symposium then conference[C]. London: Royal institution of naval architects, 1996: 152-159.

[5] Hirani H, Verma M. Tribological study of elastomeric bearings for marine propeller shaft system[J]. Tribology International, 2009, 42(2): 378-390.

[6] 彭晋民, 王家序. 提高水润滑轴承承载能力关键技术研究 [J]. 农业机械学报, 2005, 36(6): 149-151.

[7] Bhushan B. Stick-slip induced noise generation in water-lubricated compliant rubber bearings[J]. Journal of Lubrication Technology, 1980, 102(2): 201-210.

[8] Simpson T A, Ibrahim R A. Nonlinear friction-induced vibration in water-lubricated bearings[J]. Journal of Vibration and Control, 1996, 2(1): 87-113.

[9] 姚世卫, 杨俊, 张雪冰, 等. 水润滑橡胶轴承振动噪声机理分析与试验研究 [J]. 振动与冲击, 2011, 30(2): 214-216.

[10] 田宇忠, 刘正林, 金勇, 等. 水润滑橡胶尾轴承鸣音试验研究 [J]. 武汉理工大学学报, 2011, 33(1): 130-133.

[11] 张振果, 张志谊, 陈锋, 等. 摩擦激励下螺旋桨推进轴系弯扭耦合振动研究 [J]. 机械工程学报, 2013, 49(6): 74-80.

[12] Kalin M, Velkavrh I, Vižintin J. The Stribeck curve and lubrication design for non-fully wetted surfaces[J]. Wear, 2009, 267(5-8): 1232-1240.

[13] Muszynska A, Goldman P, Bently D E. Torsional/lateral vibration cross-coupled responses due to shaft anisotropy: a new tool in shaft crack detection[C]. London: Mechanical Engineering Publications LTD, 1992: 224-231.

[14] 何成兵. 汽轮发电机组轴系弯扭耦合振动研究 [D]. 北京: 华北电力大学, 2003: 1-20.

[15] 姚世卫, 胡宗成, 马斌, 等. 橡胶轴承研究进展及在舰艇上的应用分析 [J]. 舰船科学技术, 2005, 27(s1): 27-30.

[16] 王优强, 林秀娟, 刘冬伟, 等. 水润滑轴承材料弹流润滑性能比较研究 [J]. 润滑与密封, 2007, 32(9): 91-93.

[17] 周新聪, 闫志敏, 唐育民, 等. 低噪声舰船尾管水润滑橡胶轴承材料的研究 [J]. 中国造船, 2013, 54(2): 77-84.

[18] 彭晋民, 王家序, 杨明波. 水润滑塑料合金轴承材料力学性能改性 [J]. 润滑与密封, 2004, (6): 80-82.

[19] 段海涛. 水润滑轴承数值仿真及其材料摩擦学性能研究 [D]. 北京: 机械科学研究总院, 2011: 2-60.

[20] 周广武, 王家序, 李俊阳, 等. 螺旋槽水润滑橡胶合金轴承摩擦学性能实验 [J]. 重庆大学学报, 2013, 36(3): 1-5.

[21] 秦红玲. 水润滑复合橡胶尾轴承摩擦学问题研究 [D]. 武汉: 武汉理工大学, 2012: 1-18.

[22] 吕红明, 张立军, 余卓平. 汽车盘式制动器尖叫研究进展 [J]. 振动与冲击, 2011, 30(4): 1-7.

[23] Krauter A I. Generation of squeal/chatter in water-lubricated elastomeric bearings[J]. Journal of Lubrication Technology, 1981, 103(3): 406-412.

[24] 彭恩高. 船舶水润滑橡胶尾轴承摩擦振动研究 [D]. 武汉: 武汉理工大学, 2013: 45-78.

[25] Rankine W J M. On the centrifugal force of rotating shaft[J]. The Engineer, 1869, 27: 249-253.

[26] Jeffcott H H. The lateral vibration loaded shafts in the neighborhood of a whirling speed—the effect of want of balance[J]. The London, Edinburgh, and Dublin Philosophical Magazine and Journal of Science, 1919, 37(219): 304-314.

[27] Newkirk B L. Shaft whipping[J]. General Electric Review, 1924, 27: 169-178.

[28] Newkirk B L. Journal bearing instability: a review[M]. Inst. Mech. Conf. on Lubr. and Wear, 1957: 120-135.

[29] Lund J W. Review of the concept of dynamic coefficients for fliud film journal bearings[J]. Journal of Tribology, 1987, 109(1): 37-41.

[30] Noah S T, Sundararajan P. Significance of considering nonlinear effects in predicting the dynamic behavior of rotating machinery[J]. Journal of Vibration and Control, 1995, 1(4): 431-458.

[31] 马辉, 汪博, 太兴宇, 等. 基于接触分析的转定子系统整周碰摩故障模拟 [J]. 工程力学, 2013, 30(2): 365-371.

[32] 袁惠群, 王正浩, 闻邦椿. 弹性机匣双盘碰摩转子系统的稳定性 [J]. 振动与冲击, 2010, 29(8): 52-54.

[33] Han Q K, Zhang Z W, Liu C L. et al. Periodic motion stability of a dual-disk rotor system with rub-impact at fixed limiter[M]. Vibro-Impact Dynamics of Ocean Systems and Related Problems. Springer, 2009: 105-119.

[34] Wang J G, Zhou J Z, Dong D W, et al. Nonlinear dynamic analysis of a rub-impact rotor supported by oil film bearings[J]. Archive of Applied Mechanics, 2013, 83(3): 413-430.

[35] Chu F L, Tang X Y, Tang Y. Stability of a rub-impact rotor system[J]. Jounal of Tsinghua University, 2000, 40(4): 119-123.

[36] Liu G Z, Yu Y, Wen B C. Analysis of non-linear dynamic on unsteady oil-film force rotor-stator-bearing system with rub-impact fault[J]. Applied Mechanics and Materials, 2013, 401: 49-54.

[37] 刘杨, 太兴宇, 马辉, 等. 双盘三支撑转子轴承系统松动–碰摩耦合故障分析 [J]. 航空动力学报, 2013, 28(5): 977-982.

[38] Hou L, Chen Y S, Cao Q J. Nonlinear vibration phenomenon of an aircraft rub-impact rotor system due to hovering flight[J]. Communications in Nonlinear Science and Numerical Simulation, 2014, 19(1): 286-297.

[39] Myers C J. Bifurcation theory applied to oil whirl in plain cylindrical journal bearings[J]. Journal of Applied Mechanics, 1984, 51(2): 244-250.

[40] Hollis P, Taylor D L. Hopf bifurcation to limit cycles in fluid film bearings[J]. Journal of Tribology, 1986, 108(2): 184-189.

[41] Gardner M, Myers C, Savage M, et al. Analysis of limit-cycle response in fluid-film journal bearings using the method of multiple scales[J]. The Quarterly Journal of Mechanics and Applied Mathematics, 1985, 38(1): 27-45.

[42] Adams M L, Abu-Mahfouz I. Exploratory research on chaos concepts as diagnostic tools for assessing rotating machinery vibration signatures[C] //Chicago: Proceedings of the fourth international conference on rotor dynamics, 1994: 29-39.

[43] 丁千, 陈予恕. 弹性转子 - 滑动轴承系统稳定性分析 [J]. 应用力学学报, 2000, 17(3): 111-116.

[44] Zhao J Y, Linnett I W, Mclean L J. Subharmonic and quasi-periodic motions of an eccentric squeeze film damper-mounted rigid rotor[J]. ASME Transactions Journal of Vibration Acoustics, 1994, 116(3): 357-363.

[45] Jiang J, Ulbrich H. Stability analysis of sliding whirl in a nonlinear Jeffcott rotor with cross-coupling stiffness coefficients[J]. Nonlinear Dynamics, 2001, 24(3): 269-283.

[46] 黄文振. 多跨转子 - 轴承系统振动稳定性试验研究 [J]. 机械工程学报, 1995, 31(5): 34-38.

[47] Zhang W M, Meng G. Stability, bifurcation and chaos of a high-speed rub-impact rotor system in MEMS[J]. Sensors and Actuators A: Physical, 2006, 127(1): 163-178.

[48] Zhang W M, Meng G, Chen D, et al. Nonlinear dynamics of a rub-impact micro-rotor system with scale-dependent friction model[J]. Journal of Sound and Vibration, 2008, 309(3): 756-777.

[49] Muszynska A. Rotor-to-stationary element rub-related vibration phenomena in rotating machinery-literature survey[J]. Sound and Vibration Digest, 1989, 21(3): 3-11.

[50] Rosenblum V I. Entstehung mehrfacher wellenbrüche nach dem bruch einer laufschaufel oder radscheibe bei dampfturbinen[R]. Allianz Report, 1995, 68: 176-177.

[51] Ahmad S. Rotor casing contact phenomenon in rotor dynamics-literature survey[J]. Journal of Vibration and Control, 2010, 16(9): 1369-1377.

[52] Ishida Y, Inagaki M, Ejima R, et al. Nonlinear resonances and self-excited oscillations of a rotor caused by radial clearance and collision[J]. Nonlinear Dynamics, 2009, 57(4): 593-605.

[53] Hua J, Swaddiwudhipong S, Liu Z S, et al. Numerical analysis of nonlinear rotor–seal system[J]. Journal of sound and vibration, 2005, 283(3-5): 525-542.

[54] Popprath S, Ecker H. Nonlinear dynamics of a rotor contacting an elastically suspended stator[J]. Journal of Sound and Vibration, 2007, 308(3): 767-784.

[55] Zhang G F, Xu W N, Xu B, et al. Analytical study of nonlinear synchronous full annular rub motion of flexible rotor–stator system and its dynamic stability[J]. Nonlinear Dynamics, 2009, 57(4): 579-592.

[56] Ding Q, Cooper J E, Leung A Y T. Hopf bifurcation analysis of a rotor/seal system[J]. Journal of Sound and Vibration, 2002, 252(5): 817-833.

[57] Chu F L, Zhang Z S. Periodic, quasi-periodic and chaotic vibrations of a rub-impact rotor system supported on oil film bearings[J]. International Journal of Engineering Science, 1997, 35(10): 963-973.

[58] 曹登庆, 杨洋, 王德友, 等. 基于滞回碰摩力模型的转子系统碰摩响应研究 [J]. 航空发动机, 2014, 40(1): 1-9.

[59] 江俊, 陈艳华. 转子与定子碰摩的非线性动力学研究 [J]. 力学进展, 2013, 43(1): 132-148.

[60] Taplak H, Erkaya S, Uzmay I. Experimental analysis on fault detection for a direct coupled rotor-bearing system[J]. Measurement, 2013, 46(1): 336-344.

[61] Ma H, Shi C Y, Han Q K, et al. Fixed-point rubbing fault characteristic analysis of a rotor system based on contact theory[J]. Mechanical Systems and Signal Processing, 2013, 38(1): 137-153.

[62] Ehehalt U, Hahn E, Markert R. Experimental validation of various motion patterns at rotor stator contact[C] //Hawaii: proceedings of the 11th international symposium on transport phenomena and dynamics of rotating machinery, 2006: 25-34.

[63] Liu C L, Zhang Y M, Han Q K, et al. Experimental research on nonlinear vibration characteristics of rotor bearing system with coupling fault of rub-impact and oil whirl[C]//Proceedings of the ASME International Design Engineering Technical Conferences and Computers and Information in Engineering Conference, 2005, 6: 1155-1160.

[64] Chu F L, Lu W X. Experimental observation of nonlinear vibrations in a rub-impact rotor system[J]. Journal of Sound and Vibration, 2005, 283(3): 621-643.

[65] Choi Y S. Investigation on the whirling motion of full annular rotor rub[J]. Journal of Sound and Vibration, 2002, 258(1): 191-198.

[66] Bently D E, Yu J J, Goldman P, et al. Full annular rub in mechanical seals, Part I: experimental results[J]. International Journal of Rotating Machinery, 2002, 8(5): 319-328.

[67] Blank H F. Interaction of a whirling rotor with a vibrating stator across a clearance annulus[J]. Journal of Mechanical Engineering Science, 1968, 10(1): 1-12.

[68] John J Y, Goldman P, Bently D E, et al. Rotor/seal experimental and analytical study on full annular rub[J]. Journal of Engineering for Gas Turbines and Power, 2002, 124(2): 340-350.

[69] Jiang J, Ulbrich H. The physical reason and the analytical condition for the onset of dry whip in rotor-to-stator contact systems[J]. Journal of vibration and acoustics, 2005, 127(6): 594-603.

[70] Jiang J. The analytical solution and the existence condition of dry friction backward whirl in rotor-to-stator contact systems[J]. Journal of Vibration and Acoustics, 2007, 129(2): 260-264.

[71] Chen Y H, Yao G, Jiang J. The forward and the backward full annular rubbing dynamics of a coupled rotor-casing/foundation system[J]. International Journal of Dynamics and Control, 2013, 1(2): 116-128.

[72] Jiang J, Wu Z Q. Determining the characteristics of a self-excited oscillation in rotor/stator systems from the interaction of linear and nonlinear normal modes[J]. International Journal of Bifurcation and Chaos, 2010, 20(12): 4137-4150.

[73] Zhang H B, Chen Y S. Bifurcation analysis on full annular rub of a nonlinear rotor system[J]. Science China Technological Sciences, 2011, 54(8): 1977-1985.

[74] Bauchau O A, Bottasso C L. Contact conditions for cylindrical, prismatic, and screw joints in flexible multibody systems[J]. Multibody System Dynamics, 2001, 5(3): 251-278.

[75] Bauchau O A, Rodriguez J. Modeling of joints with clearance in flexible multibody systems[J]. International Journal of Solids and Structures, 2002, 39(1): 41-63.

[76] 张文. 弹性系统撞击响应的线化法 [J]. 固体力学学报, 1981, (3): 317-325.

[77] Rivin E. Stiffness and Damping in Mechanical Design[M]. Boca Raton: CRC Press, 1999: 35-47.

[78] Shaw S W. On the dynamic response of a system with dry friction[J]. Journal of Sound and Vibration, 1986, 108(2): 305-325.

[79] Armstrong-Héouvry B, Dupont P, De Wit C C. A survey of models, analysis tools and compensation methods for the control of machines with friction[J]. Automatica, 1994, 30(7): 1083-1138.

[80] Björklund S. A random model for micro-slip between nominally flat surfaces[J]. Journal of Tribology, 1997, 119(4): 726-732.

[81] Urbakh M, Klafter J, Gourdon D, et al. The nonlinear nature of friction[J]. Nature, 2004, 430(6999): 525-528.

[82] Awrejcewicz J, Olejnik P. Analysis of dynamic systems with various friction laws[J]. Applied Mechanics Reviews, 2005, 58(6): 389-411.

[83] Popp K, Stelter P. Stick-slip vibrations and chaos[J]. Philosophical Transactions of the Royal Society of London Series A: Physical and Engineering Sciences, 1990, 332(1624): 89-105.

[84] Den Hartog J P. Forced vibrations with combined Coulomb and viscous friction[J]. Transaction of the American Society of Mechanical Engineers, 1931, 53(15): 107-115.

[85] Jiang J, Ulbrich H. Derivation of coefficient of friction at high sliding speeds from energy conservation over the frictional interface[J]. Wear, 2001, 247(1): 66-75.

[86] Berger E J. Friction modeling for dynamic system simulation[J]. Applied Mechanics Reviews, 2002, 55(6): 535-577.

[87] Andersson S, Söderberg A, Björklund S. Friction models for sliding dry, boundary and mixed lubricated contacts[J]. Tribology International, 2007, 40(4): 580-587.

[88] 吴新国, 解晓花, 刘承刚. 低摩擦丁腈橡胶复合材料配合及摩擦性能研究 [J]. 特种橡胶制品, 2011, 32(1): 40-47.

[89] 张宪文, 陆天炜, 吴鹿鸣, 等. 滑动轴承摩擦因数的实验研究 [J]. 机械制造与自动化, 2010, 39(4): 50-51.

[90] Muszynska A. Synchronous self-excited rotor vibration caused by a full annular rub[C]. Halifax: Canadian Machinery Association, 1984: 22.1-22.21.

[91] Wu F, Flowers G T. An experimental study of the influence of disk flexibility and rubbing on rotor dynamics[J]. Vibration of Rotating Systems, 1993, 60: 19-26.

[92] Wilkes J C, Childs D W, Dyck B J, et al. The numerical and experimental characteristics of multi-mode dryfriction whip and whirl[C] //Orlando: proceedings of the ASME Turbo Expo 2009: Power for Land, Sea and Air GT2009, 2009: 1-10.

[93] Lingener A. Experimental investigation of reverse whirl of a flexible rotor[C] //IFToMM Third International Conference on Rotordynamics, 1990: 13-18.

[94] John J Y. On occurrence of reverse full annular rub[J]. Journal of Engineering for Gas Turbines and Power, 2012, 134(1): 012505.

[95] Liebich R. Rub induced non-linear vibrations considering the thermo-elastic effect[C]// Darmstadt: Proceedings of the 5th International Conference on Rotor Dynamics of the IFTOMM, 1998: 1-8.

[96] Bachschmid N, Pennacchi P, Vania A. Thermally induced vibrations due to rub in real rotors[J]. Journal of Sound and Vibration, 2006, 299(4-5): 683-719.

[97] Bently D E, Goldman P, Yu J J. Full annular rub in mechanical seals, part II: analytical study[J]. International Journal of Rotating Machinery, 2002, 8(5): 329-336.

[98] Zhang H B, Chen Y S, Li J. Bifurcation on synchronous full annular rub of rigid-rotor elastic-support system[J]. Applied Mathematics and Mechanics, 2012, 33(7): 865-880.

[99] 张文明. 微转子系统动力特性的研究 [D]. 上海: 上海交通大学, 2006: 90-112.

[100] 许斌, 徐尉南, 张文. 单盘转子的同步全周碰摩及其稳定性分析 [J]. 复旦学报 (自然科学版), 2006, 45(2): 148-154.

[101] 张华彪, 陈予恕, 李军. 弹性支承 - 刚性转子系统同步全周碰摩的分岔响应 [J]. 应用数学和力学, 2012, 33(7): 812-827.

[102] Zhang W. Dynamic instability of multi-degree-of-freedom flexible rotor systems due to full annular rub[J]. International Mechanical Engineering, 1988, 252(88): 305-308.

[103] Muszynska A. Rotordynamics[M]. Florida: CRC press, 2010: 314-356.

[104] Jiang J, Shang Z Y, Hong L. Characteristics of dry friction backward whirl—a self-excited oscillation in rotor-to-stator contact systems[J]. Science China Technological Sciences, 2010, 53(3): 674-683.

[105] Dai X J, Dong J P. Self-excited vibrations of a rigid rotor rubbing with the motion-limiting stop[J]. International Journal of Mechanical Sciences, 2005, 47(10): 1542-1560.

[106] Wilkes J C, Childs D W, Dyck B J, et al. The numerical and experimental characteristics of multimode dry-friction whip and whirl[J]. Journal of Engineering for Gas Turbines and Power, 2010, 132(5): 052503.

[107] 张华彪, 陈予恕. 非线性转子的反向全周碰摩响应 [J]. 振动与冲击, 2013, 32(10): 84-90.

[108] Choi Y S. Nonlinear parameter identification of partial rotor rub based on experiment[J]. KSME International Journal, 2004, 18(11): 1969-1977.

[109] Chávez J P, Wiercigroch M. Bifurcation analysis of periodic orbits of a non-smooth Jeffcott rotor model[J]. Communications in Nonlinear Science and Numerical Simulation, 2013, 18(9): 2571-2580.

[110] Shen X H, Jia J H, Zhao M. Numerical analysis of a rub-impact rotor-bearing system with mass unbalance[J]. Journal of Vibration and Control, 2007, 13(12): 1819-1834.

[111] 沈小要. 超超临界汽轮机组转子系统振动特性及若干故障转子非线性特性的研究 [D]. 上海: 上海交通大学, 2007: 108-138.

[112] Shen X Y, Jia J H, Zhao M, et al. Experimental and numerical analysis of nonlinear dynamics of rotor–bearing–seal system[J]. Nonlinear Dynamics, 2008, 53(1-2): 31-44.

[113] Shen X Y, Jia J H, Zhao M. Effect of parameters on the rubbing condition of an unbalanced rotor system with initial permanent deflection[J]. Archive of Applied Mechanics, 2007, 77(12): 883-892.

[114] Vörös G M. On coupled bending-torsional vibrations of beams with initial loads[J]. Mechanics Research Communications, 2009, 36(5): 603-611.

[115] Patel T H, Darpe A K. Coupled bending-torsional vibration analysis of rotor with rub and crack[J]. Journal of Sound and Vibration, 2009, 326(5): 740-752.

[116] Li J, Shi C X, Kong X S, et al. Stochastic response of an axially loaded composite Timoshenko beam exhibiting bending-torsion coupling[J]. Archive of Applied Mechanics, 2014, 84(1): 109-122.

[117] Zhang J H, He Z P, Ma W P, et al. Coupled bending-torsional vibration analysis of rotor system with two asymmetric disks[J] Applied Mechanics and Materials, 2012, 130: 2335-2339.

[118] Wang C F, Wang F L. Study the stability of bending-torsional coupled vibration of a rotor system with a crack and variable perturbation method[J] Advanced Materials Research, 2013: 130-135.

[119] Tondl A. Some problems of rotor dynamics[M]. London: Chapman and Hall, 1965: 45-89.

[120] Kellenberger W. Forced resonance's in rotating shaft-the combined effects of bending and torsion[J]. Brown Boveri Review, 1980, (2): 117-121.

[121] Kato M, Ota H, Nakamura S I. Torsional vibration of a rotating shaft driven by constant acceleration[M]. Tokyo: Asia Pacific Vibration conference, The Japan Society of Mechanical Engineers, 1993: 434-439.

[122] Mohiuddin M A, Khulief Y A. Coupled bending torsional vibration of rotors using finite element[J]. Journal of Sound and Vibration, 1999, 223(2): 297-316.

[123] 刘占生, 崔颖, 黄文虎, 等. 转子弯扭耦合振动非线性动力学特性研究 [J]. 中国机械工程, 2003, 14(7): 603-605.

[124] Liu Z S, Cui Y, Huang W H, et al. Study on nonlinear dynamics characteristics of a rotor with coupled bending and torsional vibrations[J]. China Mechanical Engineering, 2003, 14(7): 603-605.

[125] 何成兵, 顾煜炯, 陈祖强. 质量不平衡转子的弯扭耦合振动分析 [J]. 中国电机工程学报, 2006, 26(14): 134-139.

[126] Hsieh S C, Chen J H, Lee A C. A modified transfer matrix method for the coupling lateral and torsional vibrations of symmetric rotor-bearing systems[J]. Journal of Sound and Vibration, 2006, 289(1): 294-333.

[127] Yuan Z W, Chu F L, Lin Y L. External and internal coupling effects of rotor's bending and torsional vibrations under unbalances[J]. Journal of Sound and Vibration, 2007, 299(1): 339-347.

[128] Yuan Z W, Chu F L, Hao R J. Simulation of rotor's axial rub-impact in full degrees of freedom[J]. Mechanism and Machine Theory, 2007, 42(7): 763-775.

[129] 梁明轩, 袁惠群, 赵天宇, 等. 内燃机曲轴轴系弯扭耦合非线性振动响应 [J]. 东北大学学报 (自然科学版), 2014, 35(3): 402-405.

[130] Plaut R H, Wauer J. Parametric, external and combination resonances in coupled flexural and torsional oscillations of an unbalanced rotating shaft[J]. Journal of Sound and Vibration, 1995, 183(5): 889-897.

[131] Shen X Y, Jia J H, Zhao M, et al. Coupled torsional-lateral vibration of the unbalanced rotor system with external excitations[J]. The Journal of Strain Analysis for Engineering Design, 2007, 42(6): 423-431.

[132] Li J, Chen Y S. Combined resonance of low pressure cylinder-generator rotor system with bending-torsion coupling[J]. Applied Mathematics and Mechanics, 2011, 32(1): 957-972.

[133] Shang Z Y, Jiang J, Hong L. The global responses characteristics of a rotor/stator rubbing system with dry friction effects[J]. Journal of Sound and Vibration, 2011, 330(10): 2150-2160.

[134] Kim Y B, Noah S T. Quasi-periodic response and stability analysis for a non-linear Jeffcott rotor[J]. Journal of Sound and Vibration, 1996, 190(2): 239-253.

[135] Goldman P, Muszynska A. Chaotic behavior of rotor/stator systems with rubs[J]. Journal of Engineering for Gas Turbines and Power, 1994, 116(3): 692-701.

[136] Chu F, Zhang Z. Bifurcation and chaos in a rub-impact Jeffcott rotor system[J]. Journal of Sound and Vibration, 1998, 210(1): 1-18.

[137] Karpenko E V, Wiercigroch M, Cartmell M P. Regular and chaotic dynamics of a discontinuously nonlinear rotor system[J]. Chaos, Solitons and Fractals, 2002, 13(6): 1231-1242.

[138] 褚福磊, 张正松. 碰摩转子系统的混沌特性 [J]. 清华大学学报: 自然科学版, 1996, 36(7): 52-57.

[139] 李朝峰, 戴继双, 闻邦椿. 油膜支撑双盘转子 - 轴承系统周期运动稳定性与分岔 [J]. 力学学报, 2011, 43(1): 208-215.

[140] Ehrich F F. High order sub-harmonic response of high speed rotors in bearing clearance[J]. Journal of Vibration, Acoustics, Stress, and Reliability in Design, 1988, 110(1): 9-16.

[141] 刘林, 江俊. 转子/定子碰摩响应的全局动力学特性研究 [J]. 应用力学学报, 2006, 23(3): 351-356.

[142] 张义民, 刘巧伶, 闻邦椿. 旋转机械系统碰摩故障的失效灵敏度研究 [J]. 振动工程学报, 2007, 20(2): 189-193.

[143] 屈梁生, 机械, 何正嘉, 等. 机械故障诊断学 [M]. 上海: 上海科学技术出版社, 1986: 85-153.

[144] 陈敏, 虞和济. 裂纹轴的理论分析, 实验研究及诊断 [J]. 振动与冲击, 1994, 13(4): 46-51.

[145] Bicego V, Lucon E, Rinaldi C, et al. Failure analysis of a generator rotor with a deep crack detected during operation: fractographic and fracture mechanics approach[J]. Nuclear Engineering and Design, 1999, 188(2): 173-183.

[146] 闻邦椿, 武新华, 丁千. 故障旋转机械非线性动力学的理论与试验 [M]. 北京: 科学出版社, 2004: 257-298.

[147] 蒋庆磊. 环形密封和多级转子系统耦合动力学数值及实验研究 [D]. 杭州: 浙江大学, 2012: 97-135.

[148] 徐永. 大型水轮发电机组轴系动力学建模与仿真分析 [D]. 武汉: 华中科技大学, 2012: 102-125.

[149] 周琼. 唇形密封圈润滑性能及对转子动力学性能影响研究 [D]. 上海: 华东理工大学, 2013: 56-82.

[150] Lin F, Schoen M P, Korde U A. Numerical investigation with rub-related vibration in rotating machinery[J]. Journal of Vibration and Control, 2001, 7(6): 833-848.

[151] Tondl A. Some problems of rotor dynamics[M]. Brno: Publishing House of the Czechoslo-vak Academy of Sciences, 1965: 326-357.

[152] Al-Bedoor B O. Transient torsional and lateral vibrations of unbalanced rotors with rotor-to-stator rubbing[J]. Journal of Sound and Vibration, 2000, 229(3): 627-645.

[153] 韩放, 郭杏林, 高海洋. 非线性油膜力作用下叶片–转子–轴承系统弯扭耦合振动特性研究 [J]. 工程力学, 2013, 30(4): 355-359.

[154] 李方, 帅长庚, 何琳, 等. 橡胶轴承耦合转子系统动力学研究 [J]. 噪声与振动控制, 2011, 31(3): 37-41.

[155] 段芳莉. 橡胶轴承的水润滑机理研究 [D]. 重庆: 重庆大学, 2002: 2-25.

索　引

后　记

《转子–橡胶轴承系统非线性动力学特性研究》一书是以转子–橡胶轴承系统为研究对象,对其进行了理论模型建立和试验台搭建,展开了对系统的碰摩响应、自激振动以及弯扭耦合等非线性动力学特性研究。研究内容涉及转子系统碰摩响应特性及其稳定性分析,Stribeck 摩擦力作用下转子系统碰摩响应演化规律的分析研究,橡胶轴承支承下转子系统弯扭耦合振动特性的分析,摩擦力作用下转子–橡胶轴承系统弯扭耦合振动特性分析,此外,针对转子–橡胶轴承系统的振动特性进行了相关的试验研究。

(1) 考虑橡胶轴承支承的非线性,建立了非线性弹簧支承的转子碰摩系统非线性动力学微分方程,分析了系统碰摩发生的边界、周期解稳定性边界以及非线性刚度系数等系统参数对系统动态响应特性的影响。

(2) 在同时考虑橡胶轴承支承的非线性和摩擦力速度依赖型特性条件下建立了 Stribeck 摩擦力作用下的转子碰摩系统动力学模型,分析了随着系统参数变化,转子系统响应的演化规律及其稳定性,给出了旋转速度、衰减系数、非线性刚度等系统参数对系统分岔行为等动力学特性的影响。

(3) 在考虑橡胶轴承支承的非线性和摩擦力速度依赖性的条件下建立转子系统弯扭耦合振动非线性动力学微分方程,分析了不同系统参数条件下转子系统的动态响应特性,发现了自激振动现象,给出了衰减系数、扭转阻尼比、偏心率等系统参数对自激振动等动力学行为的影响。

(4) 在考虑橡胶轴承支承的非线性和摩擦力速度依赖性的条件下建立转子–橡胶轴承系统弯扭耦合振动微分方程,系统地分析了旋转速度、橡胶轴承扭转阻尼、静摩擦系数等系统参数以及径向外载荷等对转子–橡胶轴承系统形成自激振动现象的影响,发现了在低速条件下系统会出现异常高频振动噪声现象,并通过试验分析研究得出同样的结论,理论分析结果和试验结果基本吻合。

自 20 世纪以来,关于转子–橡胶轴承系统方面的研究工作一直是国内外学者研究的热点,但仍然需要更深入的分析和研究,以满足现代机械系统对舒适、安全、低噪声和低能耗等方面的要求。《转子–橡胶轴承系统非线性动力学特性研究》作品在转子–橡胶轴承系统动态响应特性方面展开了一些研究工作,但仍有一些不足之处,尚有许多工作有待进一步深入分析和研究。

在本书即将出版之际,我们心中充盈着太多的感激和感动。感谢在研究和写作过程中帮助过我们的单位和个人！感谢江苏高校优势学科建设工程资助项目等项目对本书出版的资助！

　　在研究和写作过程中，我们力求精益求精，但由于水平有限，疏漏与不足在所难免，恳请专家、同行和广大读者提出宝贵意见和建议。

作　者

2017 年 7 月